2035

미래기술
미래사회

2035 미래기술 미래사회

1판 1쇄 발행 2016. 3. 14.
1판 4쇄 발행 2021. 2. 10.

지은이 이인식

발행인 고세규
편집 고우리 | 디자인 이경희
발행처 김영사
등록 1979년 5월 17일 (제406-2003-036호)
주소 경기도 파주시 문발로 197(문발동) 우편번호 10881
전화 마케팅부 031)955-3100, 편집부 031)955-3200 | 팩스 031)955-3111

값은 뒤표지에 있습니다. ISBN 978-89-349-7382-9 03500

홈페이지 www.gimmyoung.com 카페 cafe.naver.com/gimmyoung
인스타그램 instagram.com/gimmyoung 이메일 bestbook@gimmyoung.com

좋은 독자가 좋은 책을 만듭니다.
김영사는 독자 여러분의 의견에 항상 귀 기울이고 있습니다.

이 도서의 국립중앙도서관 출판시도서목록(CIP)은 서지정보유통지원시스템 홈페이지(http://seoji.nl.go.kr)와 국가자료공동목록시스템(http://www.nl.go.kr/kolisnet)에서 이용하실 수 있습니다.(CIP제어번호 : CIP2016004576)

2035 미래기술 미래사회

이인식 지음

김영사

이 책은 우리나라가 도전해야 할 첨단산업에 관심이 많은 독자들을 위해 쓰여진 일종의 미래예측 보고서이다.

2015년 8월, 창립 20주년을 맞은 한국공학한림원으로부터 20년 뒤, 곧 2035년에 한국경제를 이끌어갈 성장동력으로 선정된 20대 핵심기술에 대해 시나리오를 작성해달라는 부탁을 받았다. 기술의 명칭 말고는 관련 자료를 일절 받지 못한 상태에서 20년 뒤의 미래기술과 미래사회를 누구나 이해하기 쉽도록 묘사하느라고 찜통더위도 잊은 채 강행군하던 기억이 지금도 생생하다. 그러니까 이 책은 2035년 대한민국이 도전해야 할 핵심기술을 널리 알리기 위해 기획된 것이다.

이 책은 3부로 구성되었다.

1부 '2020~2030 세계 기술 전망'은 2020년 융합기술, 2025년 현상파괴적 기술, 2030년 게임 체인저 기술을 살펴본다.

2부는 《매일경제》에 연재하고 있는 〈이인식과학칼럼〉 중에서 미래기술과 미래사회에 관한 글을 모아두었다.

3부에는 2035년 대한민국의 20대 도전기술이 소개되어 있다. 이 시나리오를 집필한 경위는 부록으로 실린 '저자 인터뷰'(《월간조선》 백승구

기자)에 자세히 언급되어 있다.

개인적으로는 48번째 펴내는 책인 이 미래기술 보고서는 여러분의 도움과 격려로 세상에 태어났다.

먼저 한국공학한림원의 이유정 책임에게 감사의 말씀을 전하고 싶다. 시나리오 집필 작업이 힘들긴 했어도 결국 이 책이 출간되는 계기를 마련해준 배려는 오랫동안 잊지 못할 것 같다. 좋은 책으로 만들어준 김영사 고세규 이사와 고우리 팀장의 호의와 노고도 고맙기 그지없다.

끝으로 나의 글쓰기를 무한한 신뢰와 사랑으로 성원해준 아내 안젤라, 큰 아들 원과 며느리 재희 그리고 선재, 둘째 아들 진에게도 고마움의 뜻을 전한다.

2016년 2월 17일

문화창조아카데미에서

이인식李仁植

차례

PART 3. 2035 대한민국 20대 도전기술

PART 1

2020~2030 세계기술 전망

1

2020년 융합기술

기술 분야 전반에 걸쳐 융합convergence 바람이 거세게 불고 있다. 서로 다른 기술 영역 사이의 경계를 넘나들며 새로운 연구 주제에 도전하는 융합기술convergent technology이 시대적 흐름으로 자리 잡게 된 까닭은 상상력과 창조성을 극대화할 수 있는 지름길로 여겨지기 때문이다.

4대 핵심기술의 융합

기술융합은 대학 사회와 정부 출연 연구소의 울타리를 벗어나 산업계와 예술문화계 등 사회 전반의 관심사로 확산되는 추세이다. 이러한 분위기를 결정적으로 촉발시킨 것은 2001년 12월 미국과학재단NSF과 상무부가 학계, 산업계, 행정부의 과학기술 전문가들이 참여한 워크숍을 개최하고 작성한 〈인간 활동의 향상을 위한 기술의 융합Converging Technologies for Improving Human Performance〉이라는 제목의 정책 문서이다. 이 보고서는 4대 핵심기술, 곧 나노기술NT, 생명공학기술BT, 정보기술IT, 인지과학cognitive science이 상호 의존적으로 결합되는 것NBIC을 융합기술CT이라 정의하고, 기술융합으로 르네상스 정신에 다시 불을 붙일 때가 되었다고 천명하였다.

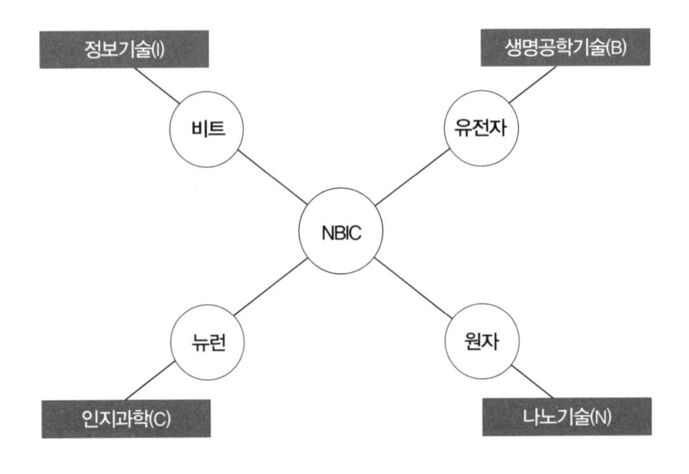

NBIC 기술융합

르네상스의 가장 두드러진 특징은 학문이 전문 분야별로 쪼개지지 않고 가령 예술이건 기술이건 상당 부분 동일한 지적 원리에 기반을 두었다는 점이다. 이 정책 문서의 표현을 빌리면 르네상스 시대에는 여러 분야를 공부한 창의적인 개인이 '오늘은 화가, 내일은 기술자, 모레는 작가'가 될 수 있었다. 이 문서는 기술융합이 완벽하게 구현되는 2020년 전후로 인류가 새로운 르네상스를 맞게 되어 누구나 능력을 발휘하는 사회가 도래할 가능성이 높다고 장밋빛 전망을 피력했다.

2020년까지 인간 활동의 향상을 위해 특별히 중요한 융합기술로는 다음 네 가지가 언급되었다.

① 제조, 건설, 교통, 의학, 과학기술 연구에서 사용되는 완전히 새로

운 범주의 물질, 장치, 시스템.

이를 위해서는 나노기술이 무엇보다 중요하며, 정보기술 역시 그 역할이 막중하다. 미래의 산업은 생물학적 과정을 활용하여 신소재를 생산한다. 따라서 재료과학 연구가 수학, 물리학, 화학, 생물학에서 핵심이 된다.

② 나노 규모에서 동작하는 부품과 공정의 시스템을 가진 물질 중에서 가장 복잡한 것으로 알려진 생물 세포.

나노기술, 생명공학기술, 정보기술의 융합연구가 중요하다. 정보기술 중에서 가상현실VR과 증강현실AR 기법은 세포 연구에 큰 도움이 된다.

③ 유비쿼터스 및 글로벌 네트워크로 다양한 요소를 통합하는 컴퓨터 및 통신 시스템의 기본 원리.

나노기술이 컴퓨터 하드웨어의 신속한 향상을 위해 필요하다. 인지과학은 인간에게 가장 효과적으로 정보를 제시하는 방법을 제공한다.

④ 사람 뇌와 마음의 구조와 기능.

생명공학기술, 나노기술, 정보기술과 인지과학이 뇌와 마음의 연구에 새로운 기법을 제공한다.

이 정책 문서는 NBIC 융합기술의 상호 관계를 다음과 같이 표현했다.

"인지과학자가 (무엇인가를) 생각한다면, 나노기술자가 조립하고, 생명공학기술자가 실현하며, 정보기술자가 조정 및 관리한다."

융합기술에 거는 기대

이 융합기술 보고서는 향후 20년간 사회, 경제, 교육 부문에서 NBIC 융합기술이 심대한 영향을 미칠 분야를 다섯 가지로 제시하였다.

① 인간의 인지 및 의사소통 능력 확장

NBIC 기술융합으로 인간의 인지 능력이 향상되며 사람과 기계의 의사소통 기술도 발전한다. 특히 다섯 부문에서 괄목할 만한 발전이 기대된다.

- 인간 코그놈 프로젝트Human Cognome Project—마음의 구조와 기능 연구.
- 인간과 인간, 인간과 기계 사이의 감각 정보를 교환하는 인터페이스 기술.
- 인간의 사회생활에 편의를 제공하는 기술 기반 조성.
- 학습 방법을 증진시키는 교육용 도구와 관련 기술 개발.
- 사회 전반의 창의성을 제고하는 도구와 관련 기술 개발.

② 인간의 건강 및 신체적 능력 개선

NBIC 기술융합으로 인체에 대한 지식이 증대하여 사람의 건강과 신체적 능력을 향상시킬 수 있다. 특히 여섯 가지 기술이 많은 영향을 미친다.

- 나노바이오기술의 융합, 특히 나노의학의 발전으로 질병의 진단 및 치료 능력 향상.
- 나노기술 기반 이식implant—나노기술 발전으로 분자보철molecular prosthetics이 가능해짐에 따라 인체에 나노장치를 이식하여 세포 또는 기관을 교체하고, 이러한 나노보철 장치로 인체의 생리적 상태에 대한 자가진단 가능.
- 나노 크기의 로봇과 도구를 사용하는 수술 가능.
- 시각 및 청각 장애인의 의사소통을 돕는 기술 개발.
- 사람의 신경계끼리 직접 연결하는 뇌와 뇌의 인터페이스, 사람의 신경조직과 기계를 직접 연결하는 뇌-기계 인터페이스brain-to-machine interface 기술.
- 가상환경—NBIC 기술융합으로 사람이 가상환경을 경험하는 수준이 제고됨에 따라 물리적 거리의 한계를 극복하여 기업 활동, 교육, 원격 의료 등에서 신체적 능력 향상.

③ 집단 및 사회의 기능 향상

NBIC 기술융합으로 인간의 사회적 행동, 사회적 인지, 인간관계, 집단의 의사결정, 언어의 사용, 사회적 학습 등의 측면에서 많은 문제점이 해소되어 지역사회와 국가 전체에 도움이 된다. 특히 학교, 기업, 정부 내에서 협동의 효율성이 크게 증대된다. NBIC 융합기술은 또한 혁명적으로 새로운 산업, 제품, 서비스를 창출한다.

④ 국가 안보의 강화

NBIC 기술융합으로 국가 안보 능력이 강화된다. 다섯 가지 부문에서 그 가능성이 기대된다.

- 소형화된 센서가 부착된 군복을 착용하면 작전 범위가 확대된다.
- 자동화기술로 전쟁터에서 사람이 사라지고 무인병기가 주역이 된다.
- 가상현실기술로 전투기 조종사의 훈련이 효율화된다.
- 생화학 및 방사능 대량 살상 무기를 탐지하는 기술이 개선된다.
- 전투기의 성능이 향상된다.

⑤ 과학기술 교육의 체질 개선

NBIC 기술융합으로 현재의 과학기술 교육이 안고 있는 한계가 극복될 것으로 기대된다. NBIC 기술 자체가 새로운 형태의 지식과 정보를 제공하므로 초등학교에서 대학교까지 과학기술 교육 자체를 근본적으로 바꾸어놓을 가능성이 높다.

2020년의 20개 시나리오

미국의 융합기술 보고서에는 20년 뒤인 2020년에 NBIC 융합기술이 바꾸어놓을 인류사회의 모습을 20개의 시나리오로 그려놓았다.

① 인간의 뇌와 기계 사이를 직접 연결하는 인터페이스, 곧 뇌-기계 인터페이스BMI가 산업, 교통, 군사, 스포츠, 예술 분야뿐만 아니라 사람과 사람 사이의 상호작용 방식을 완전히 바꾸어놓을 것이다.

② 옷처럼 몸에 착용하는 센서와 컴퓨터가 일상화되어 모든 사람이 자신의 건강 상태, 환경, 화학오염, 잠재적 위험, 각종 관련 정보를 알아챌 수 있게 된다.

③ 로봇과 소프트웨어 대행자software agent는 인간을 위해 훨씬 더 유용해진다. 그것들이 인간의 목표, 지각, 성격에 알맞게 작동할 것이기 때문이다.

④ 모든 사람이 학교, 직장, 가정에서 새로운 지식과 기량을 좀 더 신속하고 효율적으로 학습할 수 있다.

⑤ 개인과 집단 모두 문화, 언어, 지역, 직업의 전통적인 걸림돌을

뛰어넘어 효과적으로 의사소통하고 협동할 수 있다. 그 결과 집단, 조직, 국가 사이의 협력 관계가 크게 향상될 것이다.

⑥ 사람의 신체는 좀 더 잘 견디고 건강하고 활력이 넘치게 되며 손상된 부위의 복구가 쉬워지고 여러 종류의 스트레스, 생물학적 위협, 노화 과정에 대해 더 잘 버티게 된다.

⑦ 주택에서 비행기까지 모든 종류의 기계와 구조물은 바람직한 특성, 예컨대 변화하는 상황에의 적응 능력, 높은 에너지 효율성, 환경 친화성 등을 정확하게 가진 물질로 만들어진다.

⑧ 의료기술은 여러 형태의 신체 및 정신 장애를 해결하는 수준으로 발전하여 수백만 명의 장애인을 고통으로부터 해방시켜줄 것이다.

⑨ 국가 안보는 정보화된 전투 시스템, 고성능 무인전투용 차량, 안전한 데이터 네트워크, 생물 · 화학 · 방사능 · 핵의 공격에 대한 효과적 방어 수단 등에 의해 크게 강화된다.

⑩ 세계 어느 곳에서든지 누구나 필요한 정보를 즉각적으로 확보할 수 있다. 그 정보는 특정 개인이 원하는 형태로 제공되므로 가장 효율적으로 사용 가능하다.

⑪ 기술자, 예술가, 건축가, 설계자 들은 다양한 새로운 도구와 함께 인간의 창의성에 대한 깊은 이해 덕분에 놀라울 정도로 확장된 창조 능력을 경험한다.

⑫ 사람, 동물, 농작물의 유전자를 제어하는 능력이 향상되어 인간의 복지에 크게 기여하게 된다. 아울러 이에 대한 윤리적, 법적, 사회적 쟁점에 대한 광범위한 합의가 도출될 것이다.

⑬ 우주에 대한 거대한 약속이 효율적인 발사체, 우주 로봇에 의한 외계 기지 건설, 달이나 화성 또는 지구 근처 소행성의 자원 활용으로 마침내 실현된다.

⑭ 필요한 정보를 신속하고 정확하게 주고받는 환경하에서 새로운 조직 구성 및 경영 원칙이 출현하여 산업, 교육, 정부에서 관리 기능의 효율성을 크게 끌어올릴 것이다.

⑮ 보통 사람들도 정책결정자와 마찬가지로 그들의 삶에서 훨씬 뛰어난 일상적 의사결정과 창의성을 구현시켜주는 인지적, 사회적, 생물학적 능력에 대해 훨씬 많이 자각하게 될 것이다.

⑯ 미래의 공장은 융합기술과 아울러 인간과 기계의 인터페이스 기능이 향상된 지능적 환경으로 구성될 것이다. 그 결과 대량생

산과 주문 설계 모두 생산성이 극대화된다.

⑰ 농업과 식품산업은 식물과 동물의 상태를 지속적으로 감시하는 지능센서 네트워크 덕분에 수율이 증가한다.

⑱ 교통은 유비쿼터스 실시간 정보 시스템, 고효율 차량 설계, 나노기술로 제조된 합성 물질 등에 의해 더욱 안전하고 신속해지며 비용도 저렴해진다.

⑲ 과학기술자의 연구는 다른 분야의 지식을 융합하는 창의적인 접근방법을 도입하여 혁명적인 변화를 겪게 될 것이다.

⑳ 공식적 교육은 나노 규모에서 우주 규모까지 물리적 세계의 구조를 이해하기 위한 포괄적이고도 지적인 패러다임에 기반을 둔 커리큘럼으로 바뀐다.

이 보고서의 작성을 주도한 미하일 로코는 2020년까지 NBIC 기술융합이 20개 시나리오처럼 구현되면 인류의 생산성과 삶의 질에 있어 획기적인 전환점이 되는 황금시대가 도래할 것이라고 전망했다. NBIC 기술융합은 인간 융합의 기본 틀이 되어 "인류 전체가 상호 연결되어 하나의 뇌처럼 될 것"이라고 주장하면서 "개인의 생산성과 독립성이 향상되어 개인적 목표를 달성할 수 있는 기회가 훨씬 더 많이 부여될 것"이라고 덧붙였다.

참고문헌

· 《지식의 대융합》, 이인식, 고즈윈, 2008
· *Converging Technologies for Improving Human Performance*, Mihail Roco, Kluwer Academic Publisher, 2003

2

2025년 현상파괴적 기술

2009년 1월 버락 오바마 미국 대통령이 취임한 직후 일독해야 할 보고서 목록 중에는 〈2025년 세계적 추세Global Trends 2025〉가 들어 있었다. 이 보고서는 CIA, FBI 등 미국의 16개 정보기관을 총괄하는 국가정보위원회NIC가 펴냈다. 1979년 설립된 NIC는 미국의 중장기 전략을 예측하는 정보기구로서 주기적으로 세계 전망 보고서를 발표한다.

〈2025년 세계적 추세〉에는 2025년의 세계 정치, 경제, 과학기술 등에 대한 예측이 실려 있다. 이를테면 2025년쯤 미국의 독점적 패권주의가 무너지고 중국, 인도, 브라질, 러시아 등이 미국과 대등한 힘을 갖는 다극화 체제가 구축되면서 세계는 불안정한 상태가 된다. 개발도상국의 급속한 경제 발전으로 인해 자원 부족 현상이 심화되어 전쟁이 발발할 수 있다. 첨단기술에 대한 접근이 용이해짐에 따라 핵무기가 확산될 가능성도 높아진다. 특히 2025년 무렵이면 한반도가 하나의 통일국가는 아니라 해도 느슨한 형태의 연방국가가 될 것이라고 전망했다.

이 보고서는 인구 고령화, 에너지 · 물 · 식량의 부족, 기후변화 등 2025년의 지구촌에 영향을 미칠 핵심 요인들을 분석하고, 이러한 여건에서 미국의 국가경쟁력에 파급효과가 막대할 것으로 보이는 '현상 파괴적 민간 기술disruptive civil technology'을 선정했다.

현상파괴적 기술은 1995년 하버드 경영대학원의 클레이튼 크리스텐슨 교수가 처음 사용한 개념이다. 그는 기업의 혁신을 존속성 혁신과 현상파괴성 혁신으로 구분한다. 존속성 혁신은 기존 고객이 요구하는 성능 우선순위에 따라 이루어지는 혁신인 반면, 현상파괴성 혁신은 기존 고객이 요구하는 성능은 충족시키지 못하지만 전혀 다른 성능을 요구하는 새로운 고객이 요구하는 혁신이다. 말하자면 현상파괴적 기술은 기존의 기술을 일거에 몰아내고 시장을 지배하는 새로운 기술이다. 금속 인쇄술, 증기기관, 자동차, 전화, 나일론, 컴퓨터, 인터넷 등 세상을 혁명적으로 바꾼 기술은 본질적으로 현상파괴적 기술에 해당한다.

이 보고서는 현상파괴적 기술을 "정치, 경제, 군사 및 사회적 측면에서 미국의 국가경쟁력에 현저한 위협이 되거나 혹은 국력 신장에 기여할 잠재력을 지닌 기술"이라고 정의하고, 여섯 가지를 선정했다. 생물노화 기술, 에너지 저장 소재, 생물연료 및 생물 기반 화학, 청정석탄 기술, 서비스 로봇, 만물인터넷이다.

생물노화 기술

생물노화 기술biogerontechnology은 인간의 생물학적 노화 과정을 연구하여 평균수명을 연장하고 노인의 건강한 삶을 지원하려는 기술이다. 질병과 노화의 원인을 분자 및 세포 차원에서 연구하기 때문에 분자

생물학과 세포생물학의 핵심기술에 기반을 둔다.

생물학적 노화 과정을 설명하는 이론은 다양하지만 생물노화 기술에서는 세포가 재생 능력을 상실할 때 발생하는 노화 과정을 이해하는 데 주력한다.

생명 연장 연구는 주로 선충線蟲, 효모(이스트), 초파리 같은 유기체를 대상으로 성과를 거두고 있지만 인체에 대한 연구로 확장될 것이다. 그러나 인간 노화 연구에서 문화적 요인을 감안하지 않을 수 없다. 가령 생활 양식, 교육 수준, 인종이나 성별 같은 요소가 노화와 수명에 미치는 영향을 함께 고려해야 한다는 뜻이다.

노화의 생물학적 메커니즘에 대한 연구는 결국 노화의 요인을 제거하는 기술개발로 이어질 것이다. 노화의 원인으로 여겨지는 칼로리 섭취량을 감소시키거나 손상된 유전자를 수리하는 기술이 등장하고, 노화를 방지하는 신약도 개발될 전망이다.

- 2010년—미국 정부는 노화의 생물학적 기초연구를 지원하는 정책을 발표하고 향후 10년간 해마다 10억 달러를 투입할 계획임을 밝힌다.
- 2013년—미국 정부의 정책에 자극받아 유럽연합, 일본, 중국, 인도, 러시아에서 경쟁적으로 정부 차원의 정책을 발표한다.
- 2015년—생물학적 과정의 이해를 통해 인간의 수명이 연장될 수 있다는 과학적 증거가 처음으로 확보된다.
- 2018년—여러 나라에서 빠른 속도로 노화에 관련된 연구 성과가

나타난다.

- 2020년—노화를 방지하는 신약 개발이 임상실험 단계에 들어간다.
- 2025년—인간의 줄기세포 기반 치료의 상용화를 위해 처음으로 미국식품의약국FDA에 승인 신청이 들어간다.
- 2027년—미국인의 평균 기대수명은 2025년 81세였으나 생물노화 기술에 의해 2050년까지 89세로 증가될 전망이다.
- 2030년—노화 억제 치료의 상용화 승인을 FDA에 최초로 요청하는 역사적 순간이 찾아온다.

노화를 저지하는 기술이 발전하면 미국인의 수명이 연장되고 노인의 건강 상태가 현저히 개선되기 때문에 생물노화 기술은 미국의 국가경쟁력에 막대한 영향을 미칠 것임에 틀림없다. 정치적, 경제적, 문화적으로 미국 사회 전반에 걸쳐 파급효과가 지대할 것이기 때문에 생물노화 기술은 현상파괴적 기술로 여겨진다.

무엇보다 생물노화 기술은 미국 정부의 보건 관련 예산을 결정적으로 감소시킨다. 보건 예산은 미국 국내총생산GDP의 16%를 점유하므로 생물노화 기술로 상당 부분 절감되면 그만큼 다른 분야에 투입할 수 있기 때문에 경제 전반에 걸쳐 구조적 변화가 일어날 수밖에 없다. 또한 수명이 연장되고 질병으로부터 해방된 건강한 노인 인구가 급증하여 미국 경제에 활력소가 된다. 이들은 생산성이 높기 때문에 국가경쟁력에 크게 기여한다. 그러나 한편으로는 노인 노동자의 증가로 고용 형태나 은퇴 제도에 부정적 영향이 나타날 수 있다. 노인들이 기득

권을 누리며 일터를 점령하면 노동시장에 젊은 사람들이 진입하기 어려워진다. 은퇴의 개념도 바뀌어 의무 퇴직 연령도 더 높아지고 은퇴는 경제 활동 능력이 종료된 것이 아니라 새로운 삶을 위해 자신의 경험을 활용하는 계기로 여겨진다. 말하자면 은퇴가 없는 사회가 되므로 노동시장의 유연성이 사라질 가능성이 없지 않다.

평균수명이 늘어남에 따라 교육, 결혼, 가족 등에 대한 고정관념에 엄청난 변화가 발생한다. 노인 계층의 심리 구조와 행동 양식이 바뀌면서 새로운 문화 규범이 형성된다. 특히 세대 간 갈등이 심화될 것으로 예상된다. 생물노화 기술의 혜택을 모든 미국인이 누리지 못할 경우 사회 갈등도 만만치 않을 것 같다. 부자나 백인은 물론 빈자나 흑인도 오래 살 수 있는 권리를 공유하는 무병장수 사회가 될지는 두고 볼 일이다.

에너지 저장 소재

에너지 저장 소재는 다양한 형태의 에너지를 축적할 수 있는 소재 및 관련 기술을 포괄하는 개념이다. 배터리(전지) 기술과 함께 초고용량 축전지ultracapacitor, 수소 저장 소재 등 3대 기술이 해당된다. 특히 지구상에서 가장 흔한 원소인 수소를 사용하여 전기에너지를 생산하는 연료전지 기술이 기대를 모은다.

이 세 가지 에너지 저장 소재 기술은 모두 나노미터 크기의 물질, 곧 나노물질을 사용한다. 특히 탄소나노튜브CNT는 세 가지 기술에서 공통적으로 전극용 물질로 활용될 전망이다. 또한 탄소나노튜브는 수소를 저장하는 데 긴요하게 사용된다.

- 2007년—휘발유-전기 하이브리드 자동차가 판매되기 시작한다. 일본의 도요타와 혼다가 시장을 지배한다.
- 2009년—초고용량 축전지가 기존의 배터리와 함께 판매된다.
- 2010년—배터리, 연료전지, 초고용량 축전지가 일부 휴대용 전자장치 시장에서 경쟁하기 시작한다.
- 2010~2015년—하이브리드 전기자동차의 판매량이 수백만 대에 이르고, 최초의 수소 연료전지 자동차가 나타난다.
- 2015~2020년—초고용량 축전지로 움직이는 자동차가 출현한다.
- 2020~2025년—대다수의 신형 자동차는 화석연료를 사용하지 않을 것으로 예측해도 크게 빗나갈 것 같지 않다.

세 가지 에너지 저장 소재 기술은 두 종류의 산업 분야, 곧 수송과 휴대전자 장치 부문에서 에너지가 저장되고 유통되는 방법을 바꿔놓는다는 측면에서 현상파괴적 기술의 잠재력을 갖게 되는 것이다. 화석연료에 대한 의존도를 줄인다는 의미에서 일종의 패러다임 변화라고 말할 수 있다. 특히 수소를 생산하고 저장하는 기술이 궤도에 오르면 미국 경제구조는 화석연료 중심 패러다임에서 수소 기반 경제로 전환될 가능성이 높다.

에너지 저장 소재 기술은 네 가지 측면에서 미국의 국가경쟁력에 막대한 영향을 미칠 것으로 예상된다.

먼저 정치적으로 에너지 저장 소재 기술은 원유를 둘러싼 국제적 힘의 균형에 변화를 초래한다. 새로운 에너지기술 덕분에 석유 수요가 감소함에 따라 미국은 중동 국가와 원유 공급을 둘러싼 협상에서 유리한 입장이 되기 때문이다.

수소 경제로 전환되면 경제적으로 새로운 기회가 창출된다. 연료전지, 연료전지 자동차, 수소 생산 및 저장을 위한 하부 구조, 첨단 배터리, 초고용량 축전지 소재 등 새로운 시장이 출현하게 되는 것이다. 특히 휘발유를 판매하던 주유소는 수소를 저장하고 공급하는 체제로 탈바꿈할 수밖에 없다.

군사적으로도 에너지 저장 소재 기술은 상당한 영향을 미친다. 무엇보다 휴대용 군사 장비에 사용하면 군사작전을 펼치는 데 큰 도움이 된다. 특히 초고용량 축전지의 특성을 활용할 경우 새로운 성능의 병기를 개발할 수 있다.

문화적으로도 에너지 저장 소재 기술의 영향을 무시할 수 없다. 우선 수소 경제로 바뀌면 석유에의 의존도가 감소하면서 개선되는 무역수지가 사회를 결속시키는 힘으로 작용할 뿐만 아니라 새로운 일자리를 만들어낸다. 게다가 새로운 에너지 저장 소재 기술은 일종의 녹색기술로서 비교적 환경문제를 야기하지 않기 때문에 소비자들의 호응을 얻게 된다. 궁극적으로 수소 경제는 석유 매장량의 감소로 미래의 세계가 직면할 고통과 공포를 완화시킬 것이므로 인류사회 결속에 결정적인 기여를 할 것임에 틀림없다.

생물연료 및 생물 기반 화학

생물연료 및 생물 기반 화학은 동식물로부터 연료를 추출해내는 분야이다. 1세대 생물연료에는 바이오알코올(에탄올)과 바이오디젤이 있다. 에탄올은 옥수수와 사탕수수에서, 바이오디젤은 평지의 씨rapeseed와 같은 식물성 기름에서 나온다. 생물연료의 미래는 2세대 기술에 달려 있다. 2세대 생물연료는 리그노셀룰로오스lignocellulose 물질을 이용한다. 리그노셀룰로오스는 가장 풍부한 바이오매스biomass이다. 열자원으로서의 식물과 동물 폐기물을 바이오매스라 한다. 리그노셀룰로오스로 만든 에탄올은 셀룰로오스 에탄올cellulosic ethanol이라 불린다. 셀룰로오스 에탄올의 효율적 생산을 위해서는 합성생물학synthetic biology이 발전하지 않으면 안 된다. 합성생물학은 문자 그대로 새로운 유기체를 만들어내는 분야이다.

- 2007년—미국 부시 행정부는 2017년까지 10년 동안 해마다 에탄올 350억 갤런에 해당하는 생물연료를 소비(현재는 50억 갤런)하여 운수용 휘발유 사용량을 20% 줄이는 정책을 발표했다.
- 2010년—셀룰로오스 에탄올을 생산하는 기술이 경제적으로 경쟁력을 갖게 된다. 리그노셀룰로오스를 사용하여 생물연료를 생산하는 시설도 확산된다.
- 2010~2015년—조류algae에서 도출된 생물연료 기술이 가격 경쟁력을 갖는다.

- 2012년—생물연료를 경제적으로 대량 생산하는 체제가 실현된다.
- 2012~2020년—합성생물학에 의해 만들어진 미생물을 사용하여 바이오매스를 여러 특성을 지닌 연료로 전환시킬 수 있게 됨에 따라 다양한 형태의 맞춤형 생물연료가 선보인다.
- 2025년—미국의 생물연료 사용 규모는 석유 기반 연료의 25% 이상을 대체하게 된다. 이산화탄소 방출량도 이와 비슷한 수준으로 감소된다. 결국 석유화학 제품이 생물 기반 제품으로 대부분 바뀌는 변화가 일어난다.

생물연료와 생물 기반 화학은 단기간에 석유에의 의존도를 감소시킬 수 있는 유일한 대안이라는 의미에서 현상파괴적 기술로 여겨진다. 이런 맥락에서 생물연료는 미국의 경쟁력에 상당한 영향을 미칠 것임에 틀림없다.

미국이 대규모로 생물연료를 사용하는 방향으로 에너지 정책을 전환하면 무엇보다 원유 수급을 놓고 중동 산유국과 협상을 벌일 때 유리한 입장을 확보하게 된다. 또한 온실효과 기체 방출량이 적은 생물 기반 경제를 강력하게 추진하면 지구온난화 문제 해결에서 발언권이 강력해진다. 그동안 미국은 세계 최대의 화석연료 소비 국가로서 지구온난화 문제에 소극적으로 대처했다.

미국이 생물 기반 경제체제를 구축하지 않으면 경제적으로 입을 손실도 만만치 않을 것으로 예상된다. 생물연료의 세계시장 규모는 2006년 205억 달러에서 2016년 800억 달러로 성장한다. 게다가 생물연료가 석유보다 가격이 저렴하기 때문에 미국으로서는 이 시장을 결코 놓칠 수 없다는 것이다. 많은 전문가들은 2025년 이전에 결정적인 석유 위기가 발생하여 원유 가격이 폭등할 것으로 확신하고 있기 때문에 생물연료 기술의 중요성이 강조된다.

미국의 강력한 생물 기반 경제는 농업 부문에 경제 발전의 기회를 제공하므로 사회 통합에 기여할 것이다. 그러나 생물연료를 만들기 위해 바이오매스의 수요가 증대함에 따라 농작물 가격이 급등하고 토지나 용수 등 환경에 부정적 영향을 미칠 가능성도 배제할 수 없다는 점을 간과해서는 안 된다.

청정석탄 기술

청정석탄clean coal 기술은 석유나 천연가스보다 이산화탄소 발생량이 훨씬 많은 석탄을 환경 친화적인 연료로 활용하는 기술이다. 대표적인 석탄 청정화 기술로는 CCScarbon capture and sequestration, 곧 '탄소 포집 및 격리' 기법이 손꼽힌다. CCS를 통해 이산화탄소와 같은 오염물질의 배출을 억제하여 청정석탄을 만든다.

세계 에너지 사용량에서 석탄의 비율은 2004년 26%에서 2030년 28%로 증가할 것으로 예상된다. 미국의 경우 전기 사용량의 50%가량이 석탄을 사용한 화력발전으로 충당된다. 따라서 석탄의 에너지 효율성을 높이는 석탄 청정화 기술이 중요할 수밖에 없다.

석탄 매장량이 가장 많은 나라는 미국이며 러시아, 중국, 인도가 그 뒤를 잇는다. 4개국은 전 세계 매장량의 67%를 점유하고 있다.

- 2008년—미국 에너지부DOE는 CCS 기술의 본격 개발에 착수했다.
- 2010년—중국의 한 석탄 액화 업체가 석탄으로부터 10만 배럴의 액체연료를 생산한다.
- 2015년—천연가스 가격이 인상되어 석탄을 사용하는 발전소를 새로 건설하는 문제를 검토하게 된다.
- 2020년—CCS 기술로 이산화탄소 배출량의 90%를 포획할 수 있게 되므로 새로운 석탄발전소를 건설하여 상업적으로 성공하게 된다.

CCS로 청정석탄이 개발되면 세계 1위의 석탄 매장량 보유 국가인 미국으로서는 석탄을 에너지 공급원으로 지속적으로 사용할 수 있으므로 청정석탄은 현상파괴적 기술로 자리매김된다.

청정석탄 기술은 미국의 국가경쟁력에 여러 측면에서 보탬이 된다. 풍부한 석탄을 사용하므로 석유 수입량을 줄이게 되어 산유국과 신경전을 벌이지 않아도 된다. 러시아와 중국도 석탄 매장량이 많아서 미국처럼 원유 확보를 위해 중동 지역에 군사적 영향력을 행사할 필요가 줄어든다. 경제적으로 얻는 이익도 만만치 않다. 청정석탄을 사용할수록 석유 수입에 소요되는 달러를 아끼게 되므로 그만큼 미국 경제에 보탬이 된다. 청정석탄 기술은 기존의 탄소 기반 경제를 1~2세기 더 연장할 수 있을 것으로 전망된다.

청정석탄 기술은 재생에너지 개발에도 도움이 된다. 경제성이 있는 재생에너지가 상용화될 때까지 징검다리 역할을 할 수 있기 때문이다. 결국 청정석탄은 지구온난화를 해결하는 임시방편이 될 수도 있는 것이다. 이러한 시나리오가 실현되려면 무엇보다도 CCS 기술이 완성되어야 한다.

미국인들은 경제 발전과 환경문제는 양립할 수 없다고 보고 있다. 하지만 청정석탄 기술로 지구온난화 문제의 해소에도 기여하면서 경제성장을 도모할 수 있으므로 미국 시민에게 긍지를 심어줌과 아울러 사회의 결속력도 강화시킬 것으로 기대된다. 청정석탄 기술이 성공적으로 개발되어 실용화되면 미국의 기술력을 전 세계에 과시하는 기회가 될 것이다.

서비스 로봇

서비스 로봇은 제조 현장의 산업용 로봇과 달리 집 안, 병원 또는 전쟁터에서 사람과 공존하며 사람을 도와주거나 사람의 능력을 십분 활용하는 데 도구로 이용되는 로봇이다.

서비스 로봇에는 가사 로봇, 의료 복지 로봇, 군사용 로봇이 포함된다. 가사 로봇은 집 안에서 청소, 세탁, 요리, 설거지, 세차, 잔디 깎기 등을 수행하여 가사 노동의 부담을 줄여줄 뿐만 아니라 주인 대신 집을 보는 일까지 척척 해낸다.

의료 복지 로봇의 핵심은 수술 로봇과 재활 로봇이다. 수술 로봇은 의사의 첨단 수술 방법을 지원하며, 재활 로봇은 고령자와 신체 장애인의 재활 치료와 일상생활을 도와준다. 장애인에게 다리 노릇을 해주는 휠체어 로봇의 경우, 손을 쓰지 못하더라도 뇌파를 사용하여 조종할 수 있다. 뇌파 조종 시스템의 핵심기술은 BMIbrain-machine interface, 곧 '뇌-기계 인터페이스'이다. 뇌파를 활용하는 BMI는 머릿속에 생각을 떠올리는 것만으로 컴퓨터를 제어하여 휠체어 등 각종 장치를 작동하는 기술이다. 한마디로 손 대신 생각 신호로 로봇이나 기계를 움직이는 기술이다.

군사용 로봇 역시 BMI 기술이 채택되면 작전과 정찰을 효율적으로 수행할 수 있다. 그러나 전투 자동화를 꿈꾸는 미국 국방부(펜타곤)는 사람의 도움을 전혀 받지 않고 스스로 정찰 임무를 수행할 뿐만 아니라 장애물을 피해 나가서 목표물을 공격할 수 있는 무인지상차량의 개발을 겨냥한다. 자율적인 로봇 자동차가 출현하면 싸움터에서 사람이 사라지고 감정이 없는 무자비한 살인 로봇이 격돌하게 된다.

- 2007년—펜타곤 DARPA(방위고등연구계획국)의 '도시 도전Urban Challenge' 대회가 성공적으로 열려 로봇 자동차들이 거리를 누볐다.
- 2009년—펜타곤의 미래 전투 시스템, 곧 FCSFuture Combat Systems의 성능 시험이 시작된다.
- 2010년—중국 육군이 군사용 로봇을 선보인다.

- 2011년—사람처럼 생긴 장난감 로봇인 로보사피엔Robosapien의 새 모델이 나온다. 2004년 홍콩 회사가 내놓은 이 로봇은 수백만 대가 팔렸다.
- 2012년—BMI 기술을 채택한 첨단장치가 개발된다.
- 2014년—로봇이 전투 상황에서 군인과 함께 싸운다(무인전투차량, 곧 로봇 병사가 적에게 사격을 가한다).
- 2015년—서비스 로봇의 세계시장 규모는 150억 달러에 이른다.
- 2019년—일본과 한국의 연구진이 가사 도우미 역할을 하는 반半자율 로봇을 내놓는다.
- 2020년—생각 신호로 조종되는 무인차량이 군사작전에 투입된다.
- 2025년—완전자율 로봇이 처음으로 현장에서 활약한다.

서비스 로봇이 미국 국가경쟁력을 끌어올리는 현상파괴적 기술의 하나로 선정된 것은 지극히 당연한 결과이다. 펜타곤이 무인병기를 개발하기 위해 무인지상차량 개발에 엄청난 투자를 하고 있기 때문이다. 군사용 로봇의 경우 미국은 세계 최고의 기술력을 보유하고 있다. 살인 로봇은 군사작전뿐만 아니라 테러리스트와의 전투에서도 용맹을 떨칠 것으로 기대를 모은다.

서비스 로봇은 물론 일상생활에서 그 쓰임새가 극대화된다. 특히 고령자나 장애인을 도와주는 로봇이 각 가정에 필수품이 되면 사회적 약자의 삶과 질이 개선된다. 2025년까지 일본과 한국에서 그런 재활 로봇이 사람과 함께 어울려 사는 모습을 보게 될 것 같다. 하지만 가사 로봇에 지나치게 의존할 경우 운동량이 부족해서 비만이 사회적 문제로 부각된다.

미국은 군사용 로봇에서 여전히 세계 최고의 기술을 보유하고 있으며 우방 국가에게 관련 기술을 제공할 수도 있다. 하지만 미국 연구진들은 일본과 한국에 추월당하지 않도록 노력하지 않으면 안 된다. 중국 역시 2025년까지 가사용 로봇과 오락용 로봇 시장에서 미국, 한국, 유럽, 특히 일본 업체와 괄목할 만한 경쟁을 펼칠 것으로 전망된다. 중국은 또한 군사용 로봇도 개발하고 있다.

만물인터넷

만물인터넷Internet of Things은 일상생활의 모든 사물을 인터넷 또는 이와 유사한 네트워크로 연결해서 인지, 감시, 제어하는 정보통신망이다. 만물인터넷에 연결되는 사물에는 일상생활에서 사용하는 전자장치뿐만 아니라 식품, 의류, 신발, 장신구 따위의 모든 물건이 포함된다. 이를테면 이 세상에 존재하는 물건은 무엇이든지 만물인터넷에 연결되기 때문에 두 가지 방식으로 정보가 교환된다. 하나는 사람과 사물 사이의 통신이다. 사람과 물건은 상호작용하면서 사물은 그 상태를 지속적으로 사람에게 보고하고 사람은 그 사물을 제어한다. 다른 하나는 사물과 사물 사이의 통신이다. 사람의 개입 없이 물건과 물건끼리 정보를 교환하면서 주어진 역할을 수행한다. 사물과 사물 사이의 통신에서 가장 중요한 분야는 기계와 기계 사이의 통신이다. 기계와 기계 사이의 통신이 기능을 제대로 발휘하면 그만큼 사람이 수고를 할 필요가 덜어지기 때문이다. 가령 무선으로 통신하는 자동차끼리 서로 협동하여 충돌을 피할 수도 있고, 건물 안의 여러 곳에 설치된 온도 조절 장치가 서로 정보를 주고받으면서 실내 온도를 최적화하여 에너지를 절감할 수 있다.

만물인터넷은 무엇보다 유통 분야에 혁명적 변화를 초래한다. 모든 상품마다 고유의 꼬리표(태그), 곧 무선 주파수 식별RFID 태그를 달아놓고 만물인터넷에 연결하면 판매 및 재고 관리가 자동화되기 때문이다. 각종 건물에 만물인터넷이 설치되면 실내 온도 조절은 물론 조명 제어, 도난 방지, 각종 시설물 관리 등이 효율화될 뿐만 아니라 외부에서 컴퓨터나 휴대전화로 사무실 안의 정보에 접근할 수 있다. 따라서 휴대전화는 두 가지 새로운 기능을 갖는다. 하나는 '모든 사물에 대한 창문window on everyday things' 역할이다. 휴대전화는 물건의 가격, 구매 장소와 일시, 보증 기간 등에 관한 정보를 알려준다. 다른 하나는 '환경의 원격 제어remote controls for the environment' 기능이다. 휴대전화를 사용하여 집 밖에서 조명, 도시가스, 난방, 가전제품 따위를 제어할 수 있다.

- 2007~2009년—미국의 대형 소매 연쇄점들이 신속한 배달을 위해 창고 지게차와 포장에 RFID 태그를 채택한다.
- 2010년—미국의 대형 소매 연쇄점들이 무인 점포의 계산을 위해 개별 상품에 RFID 태그를 부착한다. 정부기관, 대기업, 보건 단체

등이 개별 문서를 추적 및 관리하기 위해 RFID 태그를 채택한다.

- 2011~2013년—소비자들은 RFID 판독기(리더)가 들어 있는 휴대전화를 구매한다. RFID 리더는 생활용품으로 구매하는 물건에 대해 가격, 제조업체, 사용 방법 등에 관한 정보를 제공한다.
- 2011~2016년—자동차는 무선으로 사전에 상태를 진단받는 기능을 갖게 된다. 이와 동시에 유지, 보수 비용이 절감됨과 아울러 새로운 기능을 소프트웨어로 갱신받게 된다.
- 2017년—미국에 효율적인 유비쿼터스 위치 파악 기술ubiquitous positioning technology이 도입되어 처음에는 휴대전화 사용자의 위치를 파악하는 데 도움을 준다.
- 2018~2019년—제조업체들은 분실과 도난에 대한 보증서가 달린 제품을 공급하기 시작한다. 이런 제품에는 유비쿼터스 위치 파악 정보를 수신하는 장치가 들어 있다.
- 2020~2025년—제품의 소비자와 공급자 모두 일상생활의 모든 물건을 네트워크로 연결함에 따라 상승효과가 발생한다는 사실을 확인하고 지속적인 기술혁신을 도모한다. 예컨대 어떤 기관에서는 아무런 공통점이 없는 잡다한 물건으로부터 수집된 정보를 융합함으로써 특별한 용도의 네트워크를 구축한다. 그러한 네트워크는 제3자가 범죄 목적으로 악용할 소지가 없는 것은 아니지만 잃는 것보다 얻는 게 더 많은 것으로 평가된다.

2025년까지 인터넷이 식품, 가구, 서류 따위의 모든 물건에 접속되면 미국인들은 멀리 떨어진 곳에서 자질구레한 물건조차 제어하고 감시할 수 있으므로 만물인터넷은 현상파괴적 기술이 되고도 남는 것이다. 인터넷이 개인, 기업, 정부기관에 도움이 되는 것처럼 만물인터넷도 각 경제주체에 도움을 주게 되므로 미국의 국가경쟁력에 미치는 파급효과는 엄청날 것이다. 특히 유통 공급망과 물류 시스템을 혁신함으로써 비용 절감, 효율성 제고, 사람 노동력에의 의존도 감소 등의 효과가 나타난다. 또한 여러 곳에 분산된 물건으로부터 정보를 수집할 수 있으므로 범죄나 테러를 사전에 예방할 수 있다. 특히 유비쿼터스 위치 파악 기술 덕분에 분실되거나 도난당한 물건을 찾아낼 수도 있다.

그러나 미국 정부의 적들이나 범죄 집단이 만물인터넷에 접근하는 것을 막을 방도가 없어 가령 사이버 전쟁이 발발할 경우 뾰족한 대책이 없다. 따라서 일부 비판론자들은 2025년경에 만물인터넷을 구성하는 여러 종류의 물건을 생산하는 일부 아시아 국가들이 물건 속에 악성 소프트웨어를 은닉하여 퍼뜨리면 미국의 경쟁력에 흠집이 날 수 있다고 경고한다. 만물인터넷 역시 여느 첨단기술처럼 부정적인 측면이 없는 것은 아니다.

《월간조선》(2009년 8월호)

3

2030년 게임 체인저 기술

2013년 1월 21일 집권 2기를 시작하는 버락 오바마 미국 대통령이 취임 직후 일독해야 할 보고서 목록 중에는 〈2030년 세계적 추세Global Trends 2030〉가 들어 있다. 이 보고서는 중앙정보국CIA · 연방수사국FBI 등 미국의 정보기관을 총괄하는 국가정보위원회NIC가 펴냈다. 1979년 설립된 NIC는 미국의 중장기 전략을 마련하는 정보기구로서 대통령 선거가 치러지는 해에 새 행정부의 장기 전략 수립을 위해 세계 전망 보고서를 발간한다.

2012년 12월 10일 발표된 〈2030년 세계적 추세〉는 "2030년이 되면 아시아가 북미와 유럽을 합친 것보다 더 큰 힘을 갖게 될 것이며, 특히 중국은 미국을 제치고 세계 최대의 경제대국으로 부상할 것"이라고 전망하고 인류의 삶에 결정적 영향을 미칠 메가트렌드megatrend로 네 가지를 선정했다.

- 개인 권한 신장: 전 지구적인 중산층 증가, 교육 기회 확대, 첨단 기술 확산 등에 힘입어 개인의 권한이 급속도로 신장된다.
- 국가 권력 분산: 국제정치 무대에서 권력이 분산되는 추세이므로 미국이든 중국이든 절대 패권 국가는 될 수 없을 것이다.
- 인구 양상 변화: 노령화 시대에 진입한 국가에서는 경제성장이

둔화되고, 세계 인구의 60%가 도시에서 거주하게 되어 인구의 양상이 바뀐다.

- 식량 · 물 · 에너지 연계: 지구촌 인구의 증가에 따라 식량 · 물 · 에너지의 수요가 증가하는 문제를 해결하기가 쉽지 않을 것이다. 왜냐하면 이 세 가지 자원은 서로 수요와 공급이 연계되어 있기 때문이다.

이 보고서는 이러한 4대 메가트렌드가 지배하는 2030년의 지구촌 문제를 해결하기 위해서 무엇보다 기술혁신이 필요하다고 강조하고, 향후 15~20년 동안 세계시장 판도를 바꿀 기술, 곧 게임 체인저game changer 기술로 정보기술, 자동화 및 제조 기술, 자원기술, 보건기술 등 네 가지를 선정했다.

먼저 정보기술의 경우 2030년 세계를 바꿀 3대 기술로 데이터 솔루션data solution, 소셜 네트워킹social networking 기술, 스마트도시 기술을 꼽았다.

데이터 솔루션은 정부나 기업체에서 재래의 기술로 관리하기 어려운 대규모의 자료, 곧 빅 데이터big data를 효율적으로 수집 · 저장 · 분석하고 가치 있는 정보를 신속히 추출해내는 기술을 의미한다. 데이터 솔루션 기술이 발달함에 따라 정부는 빅 데이터를 활용하여 정책을 수립하게 되고, 기업은 시장과 고객에 대한 대규모 정보를 융합하여 경영 활동에 결정적인 자료를 뽑아내게 된다. 그러나 데이터 솔루션 기술이 악용될 경우, 선진국에서는 개인 정보가 보호받기 어렵게 되고 개발도상국가에서는 정치적 반대 세력을 탄압하는 수단이 될 수도 있다.

소셜 네트워킹 기술은 오늘날 트위터나 페이스북처럼 인터넷 사용자의 사회적 연결망을 구축하는 도구에 머물지 않고 정부와 기업체에도 유용한 정보를 제공하게 된다. 소셜 네트워킹 기술로 인터넷 사용자 집단의 특성과 동태를 파악하면 가령 기업은 맞춤형 판매 전략을 수립하고, 정부는 범죄 집단 또는 반대 세력을 색출할 수도 있을 것이다. 소셜 네트워킹 기술 역시 개인 · 기업 · 정부에 유용한 정보 교환 수단이긴 하지만 사용자의 사생활(프라이버시)이 침해될 가능성이 높다.

스마트도시 기술은 정보기술을 기반으로 도시를 건설하여 정보기술로 행정 · 교통 · 통신 · 안전 등 도시의 제반 기능을 관리하는 것을 의미한다. 스마트도시는 정보기술을 사용하여 시민의 경제적 생산성과 삶의 질을 극대화함과 아울러 자원 소비와 환경오염을 극소화한다. 스마트도시의 시민은 휴대전화로 도시의 첨단 시설에 접속하여 다양한 서비스를 제공받는다. 향후 20년 동안 전 세계적으로 35조 달러가 스마트도시 건설에 투입될 전망이다. 특히 아프리카와 남미 등의 개발도상국가에서 대규모 투자가 예상된다.

두 번째의 자동화 및 제조 기술은 2030년 선진국과 개발도상국에서 생산 방식과 노동 형태에 혁신적인 변화를 초래할 잠재력이 큰 분야로 로봇공학, 자율 운송수단, 첨가제조additive manufacturing 등 세 가지가 언급되었다.

로봇공학의 발전으로 오늘날 전 세계적으로 120만 대를 웃도는 산업용 로봇이 공장에서 작업을 하고 있으며, 다양한 종류의 서비스 로봇이 가정 · 학교 · 병원에서 사람에게 도움을 주고 있다. 전쟁터에서 작전에 투입되는 군사용 로봇도 적지 않다. 이러한 추세대로 간다면 2030년까지 사람에 버금가는 능력을 갖춘 로봇이 공장에서 사람을 완전히 대체하는 생산 자동화가 완성될 것임에 틀림없다. 서비스 로봇도 병원에서 환자를 돌보거나 노인의 일상생활을 도와주는 기능이 향상되어 향후 20년간 한국과 일본처럼 노령화가 급속히 진행되는 사회에서 광범위하게 보급될 것으로 전망된다.

자율 운송수단은 사람의 도움을 전혀 받지 않고 스스로 움직이는 탈것을 의미한다. 사람이 타지 않는 무인병기인 무인항공기나 무인지상차량이 자율적으로 작전을 수행하게 되면 전쟁의 양상이 완전히 달라지게 된다. 자율 운송수단은 광업과 농업에서도 사람 대신 활용되어 비용을 절감하고 생산성을 높인다. 특히 스스로 굴러가는 자동차는 도시 지역의 교통 체증을 완화하고 교통사고를 줄이는 데 기여할 것이다. 이런 스마트자동차의 성공 여부는 무엇보다 사회적 수용 태세에 달려 있다. 사람들이 자동 운행 자동차에 기꺼이 운전하는 권한을 넘겨줄는지 두고 볼 일이다. 자율 운송수단이 테러 집단의 수중에 들어가면 인류의 생존이 위협받을 가능성도 배제할 수 없다.

첨가제조는 3차원 인쇄3D printing라고도 불린다. 3차원 프린터를 사용하여 인공 혈관이나 기계 부품처럼 작은 물체부터 의자나 심지어 무인항공기 같은 큰 구조물까지 원하는 대로 바로바로 찍어내는 맞춤형 생산 방식이다. 1984년 미국에서 개발된 3D 인쇄는 벽돌을 하나하나 쌓아올려 건물을 세우는 것처럼 3D 프린터가 미리 입력된 입체 설계도에 맞추어 고분자 물질이나 금속 분말 따위의 재료를 뿜어내어 한 층 한 층 첨가하는 방식으로 제품을 완성한다. 2030년까지 3D 프린터의 가격이 낮아지고 기술이 향상되면 대량생산 방식이 획기적으로 바뀔 것임에 틀림없다.

세 번째의 자원기술이란 세계 인구 증가에 따른 식량 · 물 · 에너지의 수요 증가에 대처하기 위해 요구되는 새로운 기술을 의미한다. 식량과 물의 경우, 유전자 변형GM 농작물, 정밀농업precision agriculture, 물 관리 기술의 발전이 기대된다. 한편 에너지의 경우, 생물 기반 에너지와 태양에너지 분야에서 문제 해결의 돌파구가 마련될 것으로 전망된다. 특히 식량 · 물 · 에너지의 수요가 폭발하는 중국, 인도, 러시아가 향후 15~20년 동안 새로운 자원기술 개발에 앞장설 것으로 보인다.

유전자 변형 농작물은 유전자 이식 기술의 발달에 힘입어 지구촌의 식량문제를 해결하는 강력한 수단이 된다. 콩 · 옥수수 · 목화 · 감자 · 쌀 따위에 제초제나 해충에 내성을 갖는 유전자를 삽입하여 수확량이 많은 품종을 개발한다.

정밀농업은 물이나 비료의 사용량을 줄여 환경에 미치는 부정적 영향을 최소화하는 한편 농작물의 수확량을 최대화할 것으로 기대된다. 무엇보다 대규모 농업에만 사용 가능한 자동화 농기구의 크기와 가격을 줄여나간다. 소규모 농업에서도 자동화 농기구를 사용함에 따라 농작물의 생산량이 늘어나게 된다.

물 관리 기술은 물 부족의 위기에 직면한 지구촌의 지속가능한 발전을 위해 결정적으로 중요한 요소이다. 특히 지난 30년 동안 향상된 미세관개micro-irrigation 기술이 가장 효율적인 해결책이 될 것 같다.

에너지의 경우, 생물 기반 에너지와 태양에너지 모두 화석연료나 원자력 에너지와의 비용 경쟁력이 문제가 될 테지만 정부의 강력한 지원 정책 여하에 따라 지구온난화 문제를 해결하는 대안이 될 수도 있다.

끝으로 보건기술은 인류의 수명을 연장하고, 신체적 및 정신적 건강 상태를 개선하여 전반적인 복지를 향상시킬 것으로 전망된다. 질병 관리 기술과 인간 능력 향상enhancement 기술에 거는 기대가 크지 않을 수 없다.

질병 관리 기술은 의사가 질병을 진단하는 데 소요되는 시간을 단축하여 신속히 치료할 수 있게끔 발전한다. 따라서 유전과 병원균에 의한 질병을 모두 정확히 진단하는 분자진단 장치가 의학에 혁명을 일으킬 것이다. 분자진단의 핵심기술인 유전자 서열 분석DNA sequencing의 비용이 저렴해짐에 따라 환자의 유전자를 검사하여 질병을 진단하고 치료하는 맞춤형 의학이 실현된다. 이를테면 진단과 치료를 일괄 처리하는 이른바 진단치료학theranostics이 질병 관리 기술의 핵심 요소가 된다. 또한 재생의학의 발달로 2030년까지 콩팥과 간을 인공장기로 교체할 수 있다. 이처럼 새로운 질병 관리 기술이 발달하여 선진국에서는 수명이 늘어나고 삶의 질이 향상되어 갈수록 노령화 사회가 될 테지만 가난한 나라에서는 여전히 전염병으로 수많은 사람이 목숨을 잃게 될 것이다.

인간 능력 향상 기술은 인체의 손상된 감각 기능이나 운동 기능을 복구 또는 보완해주는 신경보철 기술이 발전하여 궁극적으로 정상적인 신체의 기능을 향상시키는 쪽으로 활용 범위가 확대된다. 가령 전신마비 환자의 운동신경보철 기술로 개발된 뇌-기계 인터페이스BMI는 정상인의 뇌에도 적용되어 누구든지 손을 쓰는 대신 생각만으로 기계를 움직일 수 있게 될 것 같다. 또한 일종의 입는 로봇인 외골격exoskeleton이 노인과 장애인의 재활을 도울 뿐만 아니라 군사용으로도 개발되어 병사들의 전투 능력을 증강시킨다. 이러한 인간 능력 향상 기술은 비용이 만만치 않아 향후 15~20년 동안 오로지 부자들에게만 제공될 수밖에 없다. 따라서 2030년의 세계는 이러한 기술을 사용하여 능력이 보강된 슈퍼 인간과 그렇지 못한 보통 사람들로 사회계층이 양극화될지도 모른다.

《중앙SUNDAY》(2013년 1월 13일)

PART 2

미래기술
미래사회

1

미래기술

청색기술

얼룩말은 흰 줄무늬와 검은 줄무늬의 상호작용으로 피부의 표면 온도가 8도까지 내려간다. 얼룩말에서 영감을 얻어 설계된 일본의 사무용 건물은 기계적 통풍장치를 사용하지 않고도 건물 내부 온도가 5도까지 낮춰져서 20%의 에너지 절감효과를 거두고 있다.

담쟁이덩굴의 줄기는 워낙 강하게 담벼락에 달라붙기 때문에 억지로 떼면 벽에 바른 회반죽이 떨어져 나올 정도이다. 담쟁이덩굴 줄기가 벽을 타고 오를 때 분비되는 물질을 모방한 의료용 접착제가 개발되고 있다.

21세기 초반부터 생물의 구조와 기능을 연구해 경제적 효율성이 뛰어나면서도 자연친화적인 물질을 창조하려는 과학기술이 주목을 받기 시작했다. 이 신생 분야는 생물체로부터 영감을 얻어 문제를 해결하려는 생물영감bioinspiration과 생물을 본뜨는 생물모방biomimicry이다.

생물영감과 생물모방을 아우르는 용어가 해외에서도 아직 나타나지 않아 2012년 펴낸《자연은 위대한 스승이다》에서 '자연중심 기술'이라는 낱말을 만들어 사용했다. 자연중심기술은 1997년 미국의 생물학 저술가인 재닌 베니어스가 펴낸《생물모방》이 베스트셀러가 되면서 21세기의 새로운 연구 분야로 떠올랐다. 베니어스는 이 책에서 자연중심기술의 중요성을 다음과 같이 강조했다.

"생물은 화석연료를 고갈시키지 않고 지구를 오염시키지도 않으며 미래를 저당 잡히지 않고도 지금 우리가 하고자 하는 일을 전부 해왔다. 이보다 더 좋은 모델이 어디에 있겠는가?"

지구상의 생물은 38억 년에 걸친 자연의 연구개발 과정에서 시행착오를 슬기롭게 극복해 살아남은 존재들이다. 이러한 생물 전체가 자연중심기술의 연구 대상이 되므로 그 범위는 가늠하기 어려울 정도로 깊고 넓다. 이를테면 생물학 · 생태학 · 생명공학 · 나노기술 · 재료공학 · 로봇공학 · 인공지능 · 인공생명 · 신경공학 · 집단지능 · 건축학 · 에너지 등 첨단과학기술의 핵심 분야가 대부분 해당된다.

자연중심 기술이 각광을 받게 된 이유는 두 가지로 볼 수 있다. 첫째, 일자리 창출의 효과적인 수단이 될 가능성이 크다. 그 좋은 예가 2010년 6월 벨기에 출신의 환경운동가인 군터 파울리가 펴낸《청색경제The Blue Economy》이다. 이 책의 부제는 '10년 안에, 100가지의 혁신기술로, 1억 개의 일자리가 생긴다'이다. 파울리는 이 책에서 100가지 자연중심 기술로 2020년까지 10년 동안 1억 개의 청색 일자리가 창출되는 청사진을 제시했다. 100가지 사례를 통해 자연세계의 창조성과 적응력을 활용하는 청색경제가 고용 창출 측면에서 매우 인상적인 규모의 잠재력을 갖고 있음이 확인된 셈이다. 청색경제의 맥락에서 자연중심의 혁신기술을 '청색기술blue technology'이라는 이름으로 부를 것을《자연은 위대한 스승이다》에서 제안한 바 있다.

둘째, 청색행성인 지구의 환경위기를 해결하는 참신한 접근방법으로 여겨진다. 무엇보다 녹색기술의 한계를 보완할 가능성이 커 보인다. 녹색기술은 환경오염이 발생한 뒤의 사후 처리적 대응의 측면이 강한 반면에 청색기술은 환경오염 물질의 발생을 사전에 원천적으로 억제하려는 기술이기 때문이다.

청색기술이 발전하면 기존 과학기술의 틀에 갇힌 녹색성장의 한계를 뛰어넘는 청색성장으로 일자리 창출과 환경 보존이라는 두 마리 토끼를 함께 잡을 수 있으므로 명실상부한 블루오션이 아닐 수 없다. 선진국을 따라가던 추격자에서 블루오션을 개척하는 선도자로 변신을 꾀하는 박근혜 정부의 창조경제 전략에도 안성맞춤인 융합기술이다.

자연을 스승으로 삼고 인류사회의 지속가능한 발전의 해법을 모색하는 청색기술은 단순히 과학기술의 하나가 아니라 미래를 바꾸는 혁신적인 패러다임임에 틀림없다. (2014년 8월 20일)

사회물리학

오늘날 인류사회가 풀어야 할 난제는 인구 폭발, 자원 고갈, 기후변화 등 한두 가지가 아니지만 해결의 실마리는 좀처럼 나타나지 않고 있다. 따라서 이런 21세기 특유의 문제는 산업사회의 접근방법보다는 21세기 사고방식으로 해결해야 한다는 목소리가 커지고 있다.

20세기 산업사회에서 개인은 거대한 조직의 톱니에 불과했지만 21세기 디지털 사회에서는 개인 사이의 상호작용이 사회현상에 막대한 영향을 미친다. 개인의 상호작용을 분석해 인간사회를 이해하는 새로운 접근방법은 사회물리학social physics이다.

사회물리학은 물리학의 방법으로 사회를 연구한다. 사람이 물리학 이론에 버금가는 법칙의 지배를 받는 것으로 여긴다. 물리학에서 원자가 물질을 만드는 방식을 이해하는 것처럼 사회물리학은 개인이 사회를 움직이는 메커니즘을 분석한다. 이를테면 사람을 사회라는 물질을 구성하는 원자로 간주한다.

2007년 미국 과학 저술가 마크 뷰캐넌이 펴낸 《사회적 원자The Social Atom》는 "다이아몬드가 빛나는 이유는 원자가 빛나기 때문이 아니라 원자들이 특별한 형태(패턴)로 늘어서 있기 때문"이라며 "사람을 사회적 원자로 보면 인간사회에서 반복해서 일어나는 많은 패턴을 설명하는 데 도움이 된다"고 주장한다.

우리는 날마다 디지털 공간에서 남들과 상호작용하면서 우리가 생각하는 것보다 훨씬 더 많은 흔적을 남긴다. 미국 MIT 빅 데이터 전문가 알렉스 펜틀런드는 우리의 일상생활을 나타내는 이런 기록을 '디지털 빵가루digital bread crumb'라고 명명하고, 이를 잘 활용하면 사회문제를 해결하는 데 크게 보탬이 된다고 주장한다. 2014년 1월 펴낸 《사회물리학》에서 펜틀런드는 개인이 누구와 의견을 교환하고, 돈을 얼마나 지출하고, 어떤 물건을 구매하는지 낱낱이 알 수 있는 디지털 빵가루 수십억 개를 뭉뚱그린 빅 데이터를 분석하면 그동안 이해하기 어려웠던 금융위기, 정치 격변, 빈부격차 같은 사회현상을 설명하기 쉬워진다고 강조한다. 빅 데이터가 개인의 사회적 상호작용을 상세히 분석하는 유용한 도구 역할을 할 수 있으므로 21세기 문제를 21세기 사고방식으로 풀 수 있게 된다는 것이다.

펜틀런드는 이 책에서 사회의 작동 방식을 이해하는 데 핵심이 되는 패턴은 사람 사이의 아이디어와 정보의 흐름이라고 밝혔다. 이런 흐름은 개인의 대화나 SNS 메시지 같은 상호작용 패턴을 연구하고 신용카드 사용 같은 구매 패턴을 분석하면 파악될 수 있다. 펜틀런드는

"우리가 발견한 가장 놀라운 결과는 아이디어 흐름의 패턴이 생산성 증대와 창의적 활동에 직접적으로 관련된다는 것"이라면서 "서로 연결되고 외부와도 접촉하는 개인 · 조직 · 도시일수록 더 높은 생산성, 더 많은 창조적 성과, 더 건강한 생활을 향유한다"고 강조했다. 요컨대 사회적 원자들의 디지털 빵가루를 빅 데이터 기법으로 분석한 결과 아이디어 소통이 모든 사회의 건강에 핵심적 요소인 것으로 재확인된 셈이다.

빅 데이터는 이처럼 사회문제를 진단하고 해결 방안을 모색하는 데 유용한 도구일 뿐만 아니라 오늘보다 나은 미래의 조직 · 도시 · 정부를 설계하는 데 쓸모가 있는 것으로 나타났다. 펜틀런드는 이런 맥락에서 "역사상 처음으로 우리는 기존 사회제도보다 훨씬 더 잘 작동하는 체계를 구축할 수 있음을 확인할 수 있게 됐다. 빅 데이터는 인터넷이 초래한 변화와 맞먹는 결과를 이끌어낼 것임에 틀림없다"고 역설한다.

펜틀런드가 상상하는 것처럼 빅 데이터로 '금융 파산을 예측해 피해를 최소화하고, 전염병을 탐지해서 예방하고, 창의성이 사회에 충일하도록 할 수 있다면' 얼마나 반가운 일이겠는가. 마크 뷰캐넌 역시 《사회적 원자》에서 사회물리학으로 '마른하늘에 날벼락처럼 종잡을 수 없이 일어나서 인생을 바꿔놓는 사건들'을 이해하게 되길 기대한다. (2015년 1월 7일)

컨실리언스

대구경북과학기술원DGIST은 6월 중순 준공된 기초학부 건물을 '컨실리언스consilience홀'이라고 명명했다. 아마도 컨실리언스가 융합convergence 연구 중심 대학임을 표방하는 데 안성맞춤인 용어라고 여긴 듯하다. 포항공대 역시 신축 중인 건물을 상징하는 키워드의 하나로 컨실리언스를 고려하고 있는 것으로 알려졌다. 컨실리언스가 우리나라 공과대학의 융합 교육 방향을 제시하는 개념이 된 셈이다.

컨실리언스는 '(추론의 결과 등의) 부합, 일치'를 뜻하는 보통명사이다. 그런데 미국의 사회생물학자인 에드워드 윌슨이 1998년 펴낸 저서 《컨실리언스》에서 생물학을 중심으로 모든 학문을 통합하자는 이론을 제시함에 따라 컨실리언스는 윌슨 식의 지식통합을 의미하는 고유명사로도 자리매김했다.

그러나 컨실리언스는 원산지인 미국에서조차 지식융합 또는 기술융합을 의미하는 용어로 사용된 사례를 찾아보기 힘들다. 가령 미국과학재단과 상무부가 2001년 12월 융합기술convergent technology에 관해 최초로 작성한 정책 보고서인 〈인간 활동의 향상을 위한 기술의 융합〉이 좋은 보기이다. 이 역사적인 문서에 의견을 남긴 100여 명의 학계 · 산업계 · 행정부의 전문가 중에서 기술융합을 의미하는 단어로 컨실리언스를 언급한 사람은 단 한 명도 없다. 하지만 우리나라에서는 일부 공과대학 교수들과 정부 출연 연구기관의 과학기술자들이 컨실리언스를 기술융합과 동의어로 즐겨 사용하고 있는 실정이다.

2005년 국내에 번역 출간된 《컨실리언스》의 제목은 '통섭'이다. 번역자가 만들었다는 용어인 통섭에는 원효대사의 사상이 담겨 있다고 알려져 대중적인 관심을 불러일으켰다. 학식과 사회적 지명도가 꽤 높은 지식인들의 말과 글에서 통섭이 융합을 의미하는 개념으로 생뚱맞게 사용된 사례는 부지기수이다. 인터넷을 검색해보면 얼마나 많은 저명인사들이 현학적인 표현으로 통섭을 남용했는지 금방 확인할 수 있다.

한편 불교 사상에 조예가 깊은 시인으로 알려진 김지하가 2008년 10월 인터넷 신문의 연재 칼럼에서 통섭이 오류투성이의 개념이라고 비판했다. 김지하는 원효대사가 저술한 《대승기신론소大乘起信論疏》를 언급하면서 윌슨의 지식통합 이론과 원효의 불교 사상은 아무런 관련성이 없다고 다음과 같이 갈파했다.

"모든 학문을 통합할 수 있다는 믿음, 물질보다 높고 큰 존재인 생명, 그보다 높고 큰 존재인 정신과 영을 더 낮은 물질의 차원으로 환원

시켜 물리적 법칙으로 해명하려고 한다. 그것이 통섭이다. 그렇게 해서 한 번이나마 통섭이 되던가?"

김지하는 번역자에게 자신이 제기한 쟁점에 대해 응답해줄 것을 간곡히 당부했으나 번역자 쪽이 침묵으로 일관하고 있는 것으로 알려졌다. 어쨌거나 여러 학자들이 컨실리언스와 통섭을 비판한 논문을 발표했지만 문제투성이의 개념이 여전히 통용되고 있다.

특히 2013년 봄부터 박근혜 정부의 제1 국정목표인 창조경제의 핵심 개념으로 융합이 제시되면서 통섭도 덩달아 융합과 같은 뜻으로 거론되는 상황이 전개되었다. 2013년 1년 내내 창조경제를 추진하는 미래창조과학부의 고위 공무원은 물론이고 대덕연구단지의 공학박사들까지 너도나도 통섭 노래를 불러대는 진풍경이 연출되기도 했다.

대구경북과학기술원의 경우도 그런 시류에 편승한 것 아니냐는 합리적인 의심에서 자유로울 수 없는 것 같아 안타까울 따름이다. DGIST와 포항공대 관계자 여러 분에게 컨실리언스와 통섭의 오류를 지적한 김지하 시인, 박준건 교수(부산대 철학과), 이남인 교수(서울대 철학과) 등의 글이 집대성된《통섭과 지적 사기》의 일독을 권유하고 싶다. (2014년 7월 8일)

상어모방 기술

바다의 생물 중에서 가장 무서운 물고기로 알려진 것은 상어이다. 1975년 미국 영화감독 스티븐 스필버그의 출세작인 〈죠스Jaws〉는 상어가 바닷가 마을의 피서객을 습격하는 장면을 연출한다. 상어는 날카로운 이빨로 사람을 베어 무는 것으로 악명이 높지만 실제로 상어에게 물려 죽은 경우는 전 세계적으로 매년 평균 네 건에 불과하다. 오히려 인간이 매년 1억 마리나 상어를 잡아먹는다. 상어 지느러미 수프는 세계에서 가장 값비싼 음식 중 하나이다.

상어는 바닷물 속에서 시속 50㎞로 헤엄칠 수 있다. 이는 어지간한 구축함보다 빠른 속도이다. 상어 피부는 매끄러울 것 같아 보이지만 지느러미 비늘에는 삼각형 미세돌기가 돋아나 있다. 10~100㎛(마이크로미터) 크기의 미세돌기는 조개나 굴보다 훨씬 작아서 손으로 만지면 모래가 붙은 사포砂布 감촉으로 겨우 느껴질 정도이다. 이런 돌기는 대개 물속에서 주위에 불규칙한 흐름, 곧 와류를 생기게 하므로 매끄러운 면에 비해 마찰저항을 증가시키는 것으로 알려졌다.

그러나 1980년 미국 과학자들은 상어 지느러미 비늘에 있는 미세돌기가 오히려 마찰저항을 감소시킨다는 사실을 밝혀냈다. 작은 돌기들이 물과 충돌하면서 생기는 작은 소용돌이가 상어 표면을 지나가는 큰 물줄기 흐름으로부터 상어 표면을 떼어놓는 완충제 역할을 한다. 이로 인해 물과 맞닿은 표면마찰력이 최소화하고 결국 물속에서 저항이 감소되므로 상어가 빠른 속도로 물속을 누비고 다닐 수 있다는 것이다. 상어 비늘이 일으키는 미세한 소용돌이가 표면마찰력을 5%나 줄여준다.

경기용 수영복 제조업체인 스피도Speedo는 상어 지느러미 표면의 돌기 구조를 모방한 전신수영복을 만들었다. 패스트스킨Fastskin이라 불리는 이 제품에는 상어 비늘에 달려 있는 삼각형 미세돌기 같은 것이 붙어 있다.

이처럼 수영복 표면을 약간 거칠게 만들면 선수 주위에서 빙글빙글 맴도는 작은 소용돌이를 없애주기 때문에 100*m* 기록을 0.2초 정도 단축시킬 수 있다고 한다. 0.01초를 다투는 수영 신기록 경쟁에서는 이만저만한 시간 단축이 아닐 수 없다. 2000년 시드니올림픽에서 전신수영복을 입은 선수들이 금메달 33개 중 28개를 휩쓸어 갔다. 2008년 베이징올림픽에서도 세계신기록을 수립한 선수 25명 중 23명이 스피도 수영복을 입었다. 2009년 3월 국제수영연맹FINA은 전신수영복 착용을 금지하고 남자는 허리에서 무릎까지만, 여자는 어깨에서 무릎까지만 덮을 수 있도록 했다.

상어 피부의 비늘에서 영감을 얻은 독일 프라운호퍼연구소 과학자들은 항공기 날개에 바르면 공기저항을 크게 감소시키는 페인트를 개발했다. 2010년 선보인 이 상어 페인트가 전 세계 항공기에 사용될 경우 연간 총 450만 t의 연료 절감이 가능할 것으로 보고됐다. 2017년 아시아나항공이 운항할 예정인 에어버스의 차세대 항공기(A350 XWB) 동체와 날개에도 이런 페인트가 사용돼 마찰저항을 크게 줄여 연료비가 대폭 절감될 것으로 알려졌다.

상어 피부의 비늘은 박테리아나 미생물이 달라붙어 서식하지 못하게끔 하는 특성이 있다. 2007년 미국 기업 샤클렛Sharklet은 상어를 본뜬 플라스틱 필름을 선보였다. 샤클렛 필름을 항공모함이든 어선이든 선체에 바르면 각종 해양생물의 부착을 막을 수 있다. 따라서 부착물 때문에 추가로 소모되는 연료비를 감소시킬 뿐만 아니라 선박을 매년 한두 번씩 물 밖으로 끌어내 선체를 청소하는 비용도 절감할 수 있다.

호주 청색기술 전문가 제이 하먼에 따르면 샤클렛 필름은 박테리아가 의료기기, 주방용품, 각종 손잡이에 달라붙어 번식하는 것을 막아주기 때문에 인기 상품이 될 것 같다. 2013년 7월 펴낸《상어의 페인트솔The Shark's Paintbrush》에서 하먼은 "지구상의 생물은 새로운 경제를 만들 수 있는 거의 무제한적인 기회를 선사한다. 그것은 기업가의 꿈"이라고 말한다. (2015년 2월 18일)

뇌-기계 인터페이스

2009년 개봉된 할리우드 영화 〈아바타〉는 주인공 생각이 분신(아바타)의 몸을 통해 그대로 행동으로 옮겨지는 장면을 보여준다. 이처럼 손을 사용하지 않고 생각만으로 기계장치를 움직이는 기술을 뇌-기계 인터페이스BMI · brain-machine interface라고 한다.

BMI는 두 가지 접근방법이 있다. 하나는 뇌의 활동 상태에 따라 주파수가 다르게 발생하는 뇌파를 이용하는 방법이다. 먼저 머리에 띠처럼 두른 장치로 뇌파를 모은다. 이 뇌파를 컴퓨터로 보내면 컴퓨터가 뇌파를 분석해 적절한 반응을 일으킨다. 다른 하나는 특정 부위 신경세포(뉴런)의 전기적 신호를 이용하는 방법이다. 뇌 특정 부위에 미세전극이나 반도체칩을 심어 뉴런의 신호를 포착한다.

BMI 기술 초창기부터 두 가지 방법이 경쟁적으로 연구 성과를 쏟아냈다. 1998년 3월 최초 BMI 장치가 선보였다. 미국 신경과학자인 필립

케네디가 만든 이 BMI 장치는 뇌졸중으로 쓰러져 목 아랫부분이 완전히 마비된 환자의 두개골에 구멍을 뚫고 이식됐다. 케네디의 BMI 장치에는 미세전극이 한 개밖에 없었지만 환자는 생각하는 것만으로 컴퓨터 화면의 커서를 움직이는 데 성공했다. 케네디와 환자의 끈질긴 노력으로 BMI 실험을 최초로 성공하는 기록을 세운 것이다.

1999년 2월 독일 신경과학자인 닐스 비르바우머는 몸이 완전히 마비된 환자 두피에 전자장치를 두르고 뇌파를 활용해 생각만으로 1분에 두 자꼴로 타자를 치게 하는 데 성공했다.

BMI 기술은 손발을 움직이지 못하는 환자뿐만 아니라 정상적인 사람들에게도 활용되기 시작했다. 뇌파를 이용한 BMI 제품이 비디오게임, 골프 같은 스포츠, 수학 교육, 신경마케팅 분야에서 판매되고 있다.

2009년 1월 버락 오바마 미국 대통령이 취임 직후 일독해야 할 보고서 목록에 포함된 〈2025년 세계적 추세〉에는 서비스 로봇 분야에 BMI 기술이 적용돼 2020년 생각 신호로 조종되는 무인차량이 군사작전에 투입될 것으로 명시됐다. 가령 병사가 타지 않은 BMI 탱크를 사령부에 앉아서 생각만으로 운전할 수 있다는 것이다. 2020년께에 비행기 조종사들이 손 대신 생각만으로 기계를 움직여 비행기를 조종하게 될 것이라고 전망하는 전문가들도 적지 않다. 세계 최고 BMI 전문가인 미겔 니코렐리스 역시 이와 비슷한 전망을 내놓았다. 2011년 3월 펴낸 저서 《경계를 넘어서Beyond Boundaries》에서 니코렐리스는 "2020~2030년에 사람의 뇌와 각종 기계장치가 연결된 네트워크가 실현될 것"이라고 주장했다.

2014년에 이런 전망들의 타당성을 뒷받침하는 연구 성과가 두 차례 발표됐다. 1월 독일 뮌헨공대의 '뇌 비행Brainflight' 프로젝트 연구진은 사람이 생각만으로 시뮬레이션(모의) 비행기를 이착륙시키는 실험에 성공했다. 실험에 참가한 일곱 명 중에는 비행기 조종 경험이 전혀 없는 사람도 있었다. 그러나 이들은 모두 머리에 뇌파를 모으는 장치를 쓰고 생각만으로 모의비행기를 조종하는 데 성공했다.

6월 12일 열린 2014 브라질월드컵 개막전에서 브라질 대통령이나 축구영웅 펠레가 시축하지 않고 하반신이 마비된 29세 브라질 청년이 외골격exoskeleton을 착용하고 걸어 나와 공을 찼다. 이 외골격은 뇌파로 제어되는 일종의 입는 로봇이다. 시축 행사는 니코렐리스가 이끄는 국제 공동연구인 '다시 걷기Walk Again' 프로젝트에 의해 추진됐다. 니코렐리스는 1961년 브라질에서 태어났다.

앞으로 5~10년 뒤 사람 뇌와 기계를 연결하는 인터페이스 기술이 경제 · 교통 · 스포츠 · 군사 분야뿐만 아니라 사람 사이의 상호작용 방식을 송두리째 바꾸어놓을 것 같다. (2014년 12월 24일)

인공일반지능

2011년 2월 미국 TV 퀴즈쇼에서 퀴즈 왕들과 왓슨이 맞섰다. IBM 제품인 왓슨은 초당 500GB 데이터(책 100만 권 분량에 해당)를 처리하는 슈퍼컴퓨터이다. 퀴즈는 역사 · 예술 · 시사 등 다양한 분야에서 출제됐다.

3회 진행된 퀴즈쇼에서 왓슨이 퀴즈 왕들을 물리치고 완승했다. 2014년 구글은 영국 벤처기업 딥마인드를 4억 달러에 인수했다. 2012년 설립된 딥마인드는 전자상거래와 게임에 대한 예측 모델을 개발한다.

딥마인드는 올해 초 비디오게임 요령을 스스로 학습하는 프로그램을 선보였다. 게임 결과 이 프로그램은 사람들보다 더 높은 점수를 획득했다. 사람과 컴퓨터의 머리싸움에서 왓슨과 딥마인드 프로그램의 승리는 인공지능 수준을 여실히 보여주는 상징적 사례이다.

인공지능은 사람이 지식과 경험을 바탕으로 해 새로운 상황의 문제를 해결하는 능력, 방대한 자료를 분석해 스스로 의미를 찾는 학습 능력, 시각 및 음성 인식 등 지각 능력, 자연언어를 이해하는 능력, 자율적으로 움직이는 능력 등을 컴퓨터로 실현하는 분야이다. 한마디로 인공지능은 사람처럼 생각하고 느끼며 움직일 줄 아는 기계를 개발하는 컴퓨터과학이다.

인공지능은 상반된 두 가지 방식, 곧 상향식과 하향식으로 접근한다. 하향식 또는 계산주의computationalism는 컴퓨터에 지능과 관련된 규칙과 정보를 저장하고 컴퓨터가 외부 환경에서 감지한 정보와 비교해 스스로 의사결정을 하도록 한다. 1956년 미국에서 인공지능이 독립된 연구 분야로 태동한 이후 하향식 방법을 채택했으나 1960년대 후반 한계가 드러났다. 1970년대 말엽에 인공지능 이론가들이 뒤늦게 깨달은 사실은 컴퓨터가 지능을 가지려면 가급적 많은 지식을 보유하지 않으면 안 된다는 것이었다.

20여 년의 시행착오 끝에 얻은 아주 값진 교훈이었다. 이런 발상의 전환에 힘입어 성과를 거둔 결과는 전문가 시스템expert system이다.

의사나 체스 선수처럼 특정 분야 전문가들의 문제 해결 능력을 본뜬 컴퓨터 프로그램이다.

하향식은 왓슨처럼 전문가 시스템 개발에는 성과를 거뒀지만 보통 사람들이 일상생활에서 겪는 문제를 처리하는 능력을 프로그램으로 실현하는 데는 한계를 드러냈다. 아무나 알 수 없는 것(전문지식)은 소프트웨어로 흉내 내기 쉬운 반면 누구나 알고 있는 것(상식)은 그렇지 않다는 사실이 밝혀진 셈이다. 왜냐하면 전문지식은 단기간 훈련으로 습득이 가능하지만 상식은 살아가면서 경험을 통해 획득한 엄청난 규모의 지식을 차곡차곡 쌓아놓은 것이기 때문이다. 하향식의 이런 한계 때문에 1980년대 후반부터 상향식이 주목을 받았다.

최근 발전하고 있는 상향식 또는 연결주의connectionism는 신경망neural network으로 접근한다. 사람의 뇌 안에서 신경세포가 정보를 처리하는 방식을 모방해 설계된 컴퓨터 구조를 신경망이라고 한다. 따라서 신경망 컴퓨터는 사람 뇌처럼 학습과 경험을 통해 스스로 지능을 획득해 가는 능력을 갖게 된다. 이른바 기계학습machine learning 분야에서 상향식이 하향식보다 유리한 것도 그 때문이다. 기계학습은 주어진 데이터를 반복적으로 분석해 의미를 찾고 미래를 예측하는 인공지능이다.

최근 들어 각광받는 딥러닝deep learning도 신경망 이론을 바탕으로 설계된 기계학습 분야이다. 구글이 거금을 들여 딥마인드를 인수할 정도로 딥러닝 시장은 급성장하고 있다. 국제학술지 《사이언스》 7월 17일자 인공지능 특집에 따르면 기계학습은 경영 · 금융 · 보건 · 교육 등 여러 분야에서 의사결정에 활용되는 추세이다.

오늘날 인공지능은 인간 지능의 특정 부분을 제각각 실현하고 있지만 인간 지능의 모든 기능을 한꺼번에 수행하는 기계는 아직 갈 길이 멀다. 이른바 인공일반지능artificial general intelligence은 하향식과 상향식이 결합해야만 실현될 전망이다. 21세기 후반 인공일반지능 기계가 출현하면 사람과 기계가 어떤 사회적 관계를 맺게 될지 궁금하다. (2015년 8월 5일)

식물모방 옷감

자연에서 배우는 청색기술이 의류산업에서도 활용되기 시작했다. 연잎, 벌레잡이통풀, 솔방울 같은 식물의 구조와 특성을 본떠 만드는 직물이 소비자의 관심을 끌게 될지 주목되고 있다.

연은 연못 바닥 진흙 속에 뿌리를 박고 자라지만 흐린 물 위로 아름다운 꽃을 피운다. 연은 흙탕물에서 살지만 잎사귀는 항상 깨끗하다. 비가 내리면 물방울이 잎을 적시지 않고 주르르 흘러내리면서 잎에 묻은 먼지나 오염물질을 쓸어내기 때문이다.

연 잎사귀가 물에 젖지 않고 언제나 깨끗한 상태를 유지하는 현상을 연잎효과Lotus Effect라고 한다. 이런 자기정화 효과는 잎의 습윤성, 곧 물에 젖기 쉬운 정도에 달려 있다. 습윤성은 친수성과 소수성으로 나뉜다. 물이 잎 표면을 많이 적시면 물과 친하다는 뜻으로 친수성, 그 반대는 소수성이라고 한다. 특히 물을 배척하는 소수성이 극심한 경우 초소수성超疏水性이라 이른다.

독일 식물학자 빌헬름 바르틀로트는 연잎 표면이 작은 돌기로 덮여 있고 이 돌기 표면은 티끌처럼 작은 솜털로 덮여 있기 때문에 초소수성이 돼 자기정화 현상, 곧 연잎효과가 발생한다는 것을 밝혀냈다. 작은 솜털은 크기가 수백 *nm*(나노미터)이므로 나노돌기라 부를 수 있다. 이를테면 수많은 나노돌기가 연잎 표면을 뒤덮고 있기 때문에 물방울은 잎을 적시지 못하고 먼지는 빗물과 함께 방울로 떨어지는 것이다. 1994년 7월 바르틀로트는 연잎효과 특허를 출원했다. 물에 젖지도 않고 때가 끼는 것도 막아주는 연잎효과를 활용한 의류가 개발됐다. 이 옷을 입으면 음식 국물을 흘리더라도 손으로 툭툭 털어버리면 된다. 이 옷 표면에는 연잎효과를 나타내는 아주 작은 보푸라기가 수없이 많이 붙어 있다.

벌레잡이통풀은 주머니처럼 생긴 특이한 통 모양의 잎을 가진 식충식물이다. 주머니 잎 안쪽 가장자리 윗부분은 빳빳한 털로 덮여 있지만 아래쪽 가파른 부분은 기름을 칠해놓은 듯 미끄럽다. 곤충이 주머니 잎의 꿀 분비샘에 이끌려 일단 잎 속으로 들어가면 아래쪽으로 미끄러져 밑바닥에 고여 있는 액체로 굴러떨어져 다시는 기어 나오지 못한다. 벌레잡이통풀은 효소를 분비해 곤충을 소화한다.

러시아 태생 재료과학자인 조애나 에이젠버그 미국 하버드대 교수는 동남아시아 벌레잡이통풀을 모방해 물 · 기름 · 혈액은 물론 심지어 개미까지 모든 것이 미끄러질 수 있는 표면을 개발했다. 2011년 에이젠버그는 국제학술지 《네이처》 9월 22일자에 실린 논문에서 이 표면을 SLIPSSlippery Liquid-Infused Porous Surfaces, 곧 '미끄러운 액체가 주입된 다공성 표면'이라고 명명했다.

SLIPS는 물만 밀어내는 연잎효과 표면과 달리 거의 모든 물질을 쓸어내리는 자기정화 기능이 있기 때문에 유리 · 금속 · 플라스틱은 물론 직물에도 널리 활용될 전망이다. 에이젠버그가 재미 과학자 김필석 박사와 공동 창업한 'SLIPS테크놀로지'는 건설 · 군대 · 병원 · 스포츠 분야의 특수 의류를 개발하고 있다.

2006년 테니스 선수 마리아 샤라포바가 19세에 올린 국제대회 성적과 함께 그의 옷이 화제가 됐다. 솔방울효과Pine cone Effect를 응용한 옷을 입고 시합했기 때문이다.

솔방울 껍데기는 습도에 따라 다르게 반응하는 두 개 물질로 만들어져 있다. 비가 와서 껍데기가 축축해지면 바깥층 물질이 안쪽 물질보다 좀 더 신속하게 물을 흡수해 부풀어 오르기 때문에 솔방울이 닫힌다. 그러나 기온이 올라 껍데기가 건조해지면 바깥층 물질에서 수분이 빠져나가면서 구부러지기 때문에 솔방울이 열린다. 껍데기가 열리는 순간 씨앗이 튕겨져 나와 바람에 실려 멀리 퍼져나가는 것이다.

솔방울 껍데기의 두 물질이 서로 다르게 환경에 반응하는 특성, 곧 솔방울효과를 모방한 옷이 개발되고 있다. 이런 옷은 땀이 나면 작은 천들이 저절로 열려 피부가 서늘해진다. 《네이처》 3월 26일자에 따르면 2016년부터 솔방울 옷감이 본격적으로 판매될 예정이다. (2015년 7월 8일)

뇌연구 프로젝트

사람 뇌의 구조와 기능을 연구하는 대규모 프로젝트가 두 방향에서 추진되고 있다. 하나는 뇌를 역설계reverse engineering해서 디지털 뇌를 만드는 것이다. 역설계는 제품을 분해해 설계를 알아낸 뒤 그대로 모방하는 기술을 뜻한다. 다른 하나의 방향은 뇌 안의 신경세포(뉴런)가 연결된 상태와 전기적 활동을 나타내는 지도를 만드는 것이다.

뇌를 역설계해서 디지털 뇌를 만드는 기법으로는 컴퓨터 시뮬레이션이 활용된다. 시뮬레이션이란 실제로는 실행하기 어려운 실험을 간단히 흉내 내는 모의실험을 의미한다. 뇌를 컴퓨터로 시뮬레이션하면 뇌의 구조와 기능을 실물처럼 모방한 디지털 뇌를 얻게 된다.

뇌의 컴퓨터 시뮬레이션에 도전하는 대표적 인물은 스위스 계산신경과학자 헨리 마크램이다. 2009년 7월 테드TED 강연에서 마크램은 "사람 뇌를 10년 안에 만드는 것은 불가능하지 않다. 인공 뇌는 사람과 거의 비슷하게 말도 하고 행동도 할 것"이라고 기염을 토했다. 이런 맥락에서 그가 추진 중인 '인간 뇌 프로젝트HBP · Human Brain Project'는 과학계의 지대한 관심사가 되고 있다. 2012년 마크램은 월간《사이언티픽 아메리칸》 6월호에 기고한 글에서 "HBP는 사람 두개골 안의 뉴런 890억 개와 이들의 100조 개 연결을 컴퓨터로 시뮬레이션하는 것"이라고 설명하고 "뇌의 디지털 시뮬레이션을 구축하면 신경과학 · 의학 · 컴퓨터 기술에 혁명적 변화가 일어날 것"이라고 전망했다. 마크램은 HBP에 필요한 자금을 마련하기 위해 유럽위원회의 연구과제 공모에 신청했다. 2013년 1월 28일 유럽위원회는 10년간 10억 유로를 지원하는 과제의 하나로 HBP가 선정됐다고 발표해 세계 언론이 대서특필했다.

뇌를 연구하는 두 번째 접근방법은 뇌 지도를 만드는 것이다. 2005년 100조 개 이상으로 추정되는 뉴런 연결망을 지도로 나타내는 학문이 출현했다. 뇌신경 연결 지도는 커넥톰connectome, 커넥톰을 작성하고 분석하는 분야는 커넥토믹스connectomics라 불린다. 2009년 7월 미국 국립위생연구소NIH는 5개년 계획으로 '인간 커넥톰 프로젝트HCP'에 착수했다. 2010년 9월 NIH는 워싱턴대에 3,000만 달러, 하버드대에 850만 달러를 지원했다. 워싱턴대는 1,200명의 커넥톰을 작성하고 있다.

물론 커넥톰이 완성되면 뉴런의 연결 상태를 한눈에 파악할 수 있을 테지만 뇌의 활동을 완벽하게 이해하는 데는 한계가 있을 수밖에 없다. 커넥톰으로는 뉴런의 전기적 활동 상태를 나타낼 수 없기 때문이다. 다시 말해 뉴런이 주고받는 신호가 우리의 생각 · 감정 · 행동으로 어떻게 변환되는지 파악하기 위해서는 뉴런의 전기적 활동을 기록한 지도가 필요한 것이다.

2012년 격주간 학술지 《뉴런Neuron》 6월 21일자에 이런 뇌 지도의 개발을 제안한 논문이 실렸다. 이 논문 제목은 〈뇌 활동 지도BAM · Brain Activity Map와 기능적 커넥토믹스의 도전〉이다. 이 논문이 계기가 돼 BAM 프로젝트가 버락 오바마 미국 대통령 집권 2기의 핵심 국정과제로 떠올랐다. 2013년 4월 2일 오바마 대통령은 '브레인 계획BRAIN Initiative'을 발표했다. 브레인은 '첨단 혁신 신경공학을 통한 뇌 연구Brain Research through Advancing Innovative Neurotechnologies'를 뜻하는 단어의 첫 글자로 만든 약어이다. 오바마 대통령은 브레인 계획을 발표하면서 "인간 지놈 프로젝트HGP에 투자한 예산이 1달러마다 140달러를 미국 경제에 되돌려주었다"고 강조하며 브레인 계획에 10년간 매년 3억 달러, 곧 30억 달러 이상의 투자를 약속했다.

사람의 디지털 뇌가 완성되고, 사고와 행동의 기초를 이루는 뉴런의 전기적 활동을 나타내는 지도가 제작되면 알츠하이머병이나 정신분열증 같은 뇌질환의 진단과 치료에 청신호가 켜질 뿐만 아니라 현대 과학이 풀지 못한 난제의 하나인 의식의 근원이나 무의식의 세계 같은 미답의 영역이 모습을 드러낼 날도 머지않은 것 같다. (2015년 4월 1일)

나미브사막 풍뎅이

여름이면 뉴욕이나 서울 같은 대도시에 열섬효과heat island effect가 나타난다. 도시 중심부 기온이 같은 위도의 주변 지역보다 현저히 높게 나타나는 현상을 열섬효과라고 한다. 도시 인구 증가, 녹지 면적 감소, 대기오염, 건물이나 자동차에서 나오는 열로 인해 도심 지역 기온이 인근 지역 기온보다 높아지기 때문에 열섬효과가 발생한다.

도시 열섬효과가 극심한 여름에 건물 냉방장치가 완전 가동되면 습기를 잔뜩 머금은 뜨거운 공기가 건물을 에워싼다. 건물 냉방장치가 찬 공기를 만들어낼수록 그만큼 습하고 뜨거운 공기가 건물 외부에 만들어지는 것이다. 요컨대 건물 주변은 일종의 열섬이 된다. 이런 열섬효과를 완화하는 방법 중 하나로 대형 건물 옥상 냉각탑에서 분출되는 차가운 공기에 함유된 엄청난 양의 수분을 포획하는 기술이 거론된다. 냉각탑 표면에 이슬처럼 응결된 증기에서 습기를 제거하면 건물 주변의 열섬효과를 감소시킬 수 있다는 아이디어이다.

이 기술은 비 한 방울 내리지 않는 사막에서도 말라 죽지 않는 풍뎅이로부터 영감을 얻어 개발되고 있다.

강수량이 적기로 유명한 아프리카 남서부 나미브사막에 서식하는 풍뎅이는 건조한 사막 대기 속에 물기라고는 한 달에 서너 번 아침 산들바람에 실려 오는 안개의 수분뿐인데도 끄떡없이 살아간다.

안개로부터 생존에 필요한 물을 만들어낼 수 있기 때문이다.

나미브사막 풍뎅이의 몸길이는 2㎝이다. 등짝에는 지름이 0.5㎜ 정도인 돌기들이 1㎜ 간격으로 촘촘히 늘어서 있다. 이들 돌기의 끄트머리는 물과 잘 달라붙는 친수성인 반면 돌기 아래 홈이나 다른 부분에는 왁스 비슷한 물질이 있어 물을 밀어내는 소수성을 띤다.

나미브사막 풍뎅이는 밤이 되면 사막 모래언덕 꼭대기로 기어 올라간다. 언덕 꼭대기는 밤하늘로 열을 반사해 주변보다 다소 서늘하기 때문이다. 해가 뜨기 직전 바다에서 촉촉한 산들바람이 불어와 안개가 끼면 풍뎅이는 물구나무를 서서 그쪽으로 등을 세운다. 그러면 안개 속 수증기가 등에 있는 돌기 끝부분에만 달라붙는다. 돌기 끄트머리는 친수성이기 때문이다.

수분 입자가 하나둘 모여 입자 덩어리가 점점 커져 지름 0.5㎜ 정도 방울이 되면 결국 무게를 감당하지 못하고 돌기 끄트머리에서 아래로 굴러떨어진다. 이때 돌기 아래 바닥은 물을 밀어내는 소수성 표면이기 때문에 등짝에 모인 물방울은 풍뎅이 입으로 흘러 들어간다. 나미브사막 풍뎅이는 이런 방식으로 수분을 섭취해 사막에서 살아남는 것이다.

나미브사막 풍뎅이가 안개에서 물을 만들어낸다는 사실은 1976년 알려졌다. 하지만 아무도 그 비밀을 밝혀내려고 나서지 않았다. 2001년 영국의 젊은 동물학자 앤드루 파커는 나미브사막에서 풍뎅이가 메뚜기를 잡아먹는 사진을 우연히 보게 됐다.

지구에서 가장 뜨거운 사막이었기 때문에 열대의 강력한 바람에 의해 사막으로 휩쓸려간 메뚜기들은 모래에 닿는 순간 죽었다.

그러나 풍뎅이들은 끄떡도 하지 않았다. 파커는 풍뎅이 등짝 돌기에 주목하고, 거기에서 수분이 만들어진다는 사실을 밝혀냈다. 2001년 국제학술지《네이처》11월 1일자에 이 연구 결과가 발표됐다. 2004년 6월 파커는 나미브사막 풍뎅이의 물 생산 기술 특허를 획득했다.

벨기에 청색기술 전문가 군터 파울리가 2010년 6월 펴낸《청색경제 The Blue Economy》에는 풍뎅이 집수 기술을 응용해 열섬효과와 물 부족 문제를 동시에 해결하는 사례가 다음과 같이 소개됐다.

"풍뎅이 기술을 이용해 대형 건물 냉각탑으로부터 나오는 수증기에서 물을 모으는 실험을 실시한 결과 물 손실의 10%를 복구할 수 있는 것으로 나타났다. 이는 열섬효과를 감소시킴으로써 이웃 건물의 에너지 비용을 절감시켜준다. 해마다 약 5만 개의 새로운 냉각탑이 세워지고 있으며, 각 냉각 시스템마다 매일 5억 l 이상 물이 손실된다. 따라서 10% 절수효과란 대단한 것이다."

하찮은 벌레가 서울이나 뉴욕을 살려낼지도 모를 일이다. (2015년 7월 22일)

살인 로봇

8월 중순 《뉴욕타임스》와 《월스트리트저널》 등 미국 주요 언론이 '살인 로봇killer robot' 논쟁을 비중 있게 다루었다. 7월 28일 미국 민간기구 생명미래연구소Future of Life Institute가 인공지능과 자율능력을 갖춘 군사용 로봇, 곧 킬러 로봇의 개발 규제를 촉구하는 서한을 공개한 것이 계기가 돼 논쟁이 벌어졌다.

1,000여 명의 과학기술자가 서명한 이 공개서한은 무인지상차량(로봇탱크)이나 무인항공기(드론) 같은 "킬러 로봇이 화약, 핵무기에 이어 전쟁 무기의 제3차 혁명을 일으키고 있다"고 전제하고, "킬러 로봇은 원자폭탄보다 더 심각한 위협이 되는 만큼 개발을 중단해야 한다"고 주장했다.

로봇의 살인 가능성에 대한 우려가 표명된 것은 어제오늘의 일이 아니다. 2002년 로봇윤리roboethics라는 용어가 처음 만들어졌다. 2004년 국제 학술대회에서 공식적으로 처음 사용된 로봇윤리는 로봇을 설계 · 제조 · 사용하는 사람들이 지녀야 할 윤리적 규범을 제시한다. 요컨대 로봇윤리는 로봇공학이 사람에게 피해를 주지 않는 방향으로 발전하게끔 윤리적 측면을 강조하는 행동 지침인 셈이다. 2006년 로봇의 윤리적 기능을 연구하는 분야가 기계윤리machine ethics라고 명명됐다. 기계윤리는 로봇에게 사람과 상호작용하면서 옳고 그른 것을 판단할 줄 아는 능력을 부여하는 연구이다. 기계윤리 전문가들은 로봇이 지켜야 하는 윤리적 원칙을 프로그램으로 만들어 로봇에 집어넣을 것을 제안한다. 이를테면 사람과 로봇 모두에게 이로운 행동을 하는 윤리적 로봇ethical robot을 개발해야 한다는 것이다.

2008년 미국 인공지능 전문가 엘리제 유드코프스키는 우호적 인공지능FAI · Friendly AI 개념을 창안했다. 그는 "사람이 로봇의 창조주이므로 오로지 우호적인 임무만 수행하도록 로봇을 설계해야 한다"고 주장했다. 이런 맥락에서 사회로봇공학social robotics이 출현하기도 했다. 사회로봇공학의 목표는 로봇에게 사람들 사이에서 자연스럽게 공존할 수 있는 사회적 자질을 부여해 우호적인 행동을 하고 사랑하는 감정도 느끼게 하는 데 있다.

2009년 《뉴욕타임스》 7월 26일자에 '과학자들은 기계가 인간보다 영리해지는 것을 걱정한다'는 제목의 기사가 실렸다. 미국 아실로마Asilomar에 인공지능 전문가들이 모여 토론을 벌인 내용을 보도한 기사였다.

기사 요지는 "참석자 전원은 인간 수준의 인공지능을 개발하는 것은 원칙적으로 가능하다는 데 의견 일치를 보았으며, 인공지능 발전에 따라 로봇에 대한 인간의 통제력이 상실되는 것은 시간문제라고 우려를 표명한 것으로 알려졌다"는 것이다.

1975년 2월 17개국 생물학자 140명이 아실로마에서 유전자 재조합 기술의 위험성에 관해 사흘 밤에 걸쳐 토론을 벌인 적이 있다. 인공지능 전문가들이 아실로마를 회의 장소로 일부러 선택한 이유를 알 것도 같다. 인공지능 역시 인류의 안녕과 복지를 해치지 않는 방향으로 나아가도록 연구 목표를 정립해야 한다고 생각했기 때문이 아닐는지.

2010년 《사이언티픽 아메리칸》 7월호 편집자 논평은 미국 정부가 국제적 공조를 통해 살인 로봇의 실전 배치를 규제하는 방안을 서둘러 마련할 것을 촉구하고 나섰다.

어쨌거나 이번 킬러 로봇 논쟁을 지켜보면서 개인적으로 다소 뜬금없다는 느낌을 지울 수 없었다. 왜냐하면 가까운 장래에 사람이 살인 로봇과 뒤섞여 전투를 치를 수밖에 없는 상황이기 때문이다.

2008년 미국 국가정보위원회NIC가 발표한 〈2025년 세계적 추세〉에 따르면 2025년 완전자율 로봇이 마침내 전쟁터를 누비게 된다. 이 보고서는 버락 오바마 미국 대통령이 취임 직후 일독해야 할 문서 목록에 포함된 것으로 알려졌다.

2009년 1월 미국 브루킹스연구소 군사전문가 피터 싱어가 펴낸 《로봇과 전쟁Wired for War》은 미국의 무인병기 보유량이 조만간 수만 대로 늘어날 것이라고 전망했다. 스스로 판단하고 행동하는 살인 로봇이 기어코 개발돼 병사에게 방아쇠를 당길 날도 머지않았음에 틀림없다. (2015년 9월 16일)

나노의학

의사들이 분자 크기로 만들어진 잠수정을 타고 환자 몸속으로 들어가 혈류를 따라 항해하면서 환자의 생명을 위협하는 핏덩어리를 제거한다. 1966년 미국에서 개봉된 영화 〈환상 여행Fantastic Voyage〉의 줄거리이다.

그로부터 20년 뒤인 1986년 이 영화의 상상력이 현실화할 수 있음을 암시한 책이 출간됐다. 미국 나노기술 이론가 에릭 드렉슬러가 펴낸《창조의 엔진Engines of Creation》이다. 나노기술은 1~100*nm*(나노미터) 크기의 물질을 다룬다. 1*nm*는 10억분의 1*m*이다. 드렉슬러는 나노기술에 관한 최초의 저서로 자리매김한 이 책에서 나노기술의 활용이 기대되는 분야 중 하나로 의학을 꼽았다. 인체의 질병은 대개 나노미터 수준에서 발생하기 때문이다. 바이러스는 가공할 만한 나노기계라 할 수 있다.

드렉슬러는 《창조의 엔진》에서 사람 몸속을 돌아다니는 로봇을 상상했다. 이런 나노로봇(나노봇)은 핏속을 누비고 다니면서 바이러스를 만나면 즉시 박멸한다. 드렉슬러는 자연의 나노기계인 바이러스를 인공의 나노기계인 나노봇으로 물리치는 이른바 나노의학을 꿈꾼 셈이다. 또한 드렉슬러가 세포 수복 기계cell repair machine라고 명명한 나노봇은 세포 안에서 마치 자동차 정비공처럼 손상된 부분을 수선하고 질병 요인을 제거한다. 드렉슬러 주장대로라면 나노의학으로 치료할 수 없는 질환은 거의 없어 보인다.

나노의학의 가능성은 미국 나노기술 이론가 로버트 프레이터스에 의해 더욱 확장된다. 1999년 펴낸 《나노의학》에서 그는 개념적으로 설계한 나노봇 두 종류를 소개했다. 적혈구와 백혈구를 본뜬 나노봇이다. 적혈구 기능을 가진 나노봇은 일종의 인공호흡세포이다. 이런 인공 적혈구를 몸에 주입하면 가령 단거리 경주 선수는 15분간 단 한 번도 숨 쉬지 않고 역주할 수 있다. 요컨대 적혈구 나노봇을 사용하면 몇 시간이고 산소호흡 없이 버틸 수 있다. 백혈구 기능을 가진 나노봇은 일종의 인공 대식세포(매크로파지)이다. 대식세포는 식균세포이다. 백혈구 나노봇은 몸 안에 들어온 병원균이나 미생물을 집어삼킬 수 있다.

물론 의학용 나노봇은 아직 갈 길이 멀지만 나노의학은 질환의 조기 발견, 약물 전달, 질병 치료에 활용되고 있다. 먼저 분자 수준에서 질병의 발생을 진단하는 이른바 분자진단으로 질환을 조기에 발견하게 됐다. 암이 진행돼 악성 종양 덩어리가 포도 알 크기가 되면 그 안에는 1조 개의 세포가 들어 있다. 따라서 종양 덩어리가 되기 전에 세포 몇 개 정도 또는 아주 작은 분자 수준일 때 암을 발견할 수 있다면 그만큼 환자의 생명을 구할 확률이 높아진다. 나노기술을 사용해 암세포를 조기에 찾아내는 방법이 다각도로 개발됐다.

나노의학에서는 약물을 환자 몸 안에 효과적으로 전달하는 방법도 연구한다. 오늘날 항암제의 경우 종양 부위 세포만 공격하는 것이 아니라 환자 몸 전체를 강타해 정상적인 세포도 파괴한다.

이런 화학요법의 부작용을 나노기술로 해결한 대표적 인물은 미국의 로버트 랭어이다. 랭어는 항암제를 주사기로 몸 안에 넣지 않고 폴리머(중합체)에 집어넣어 입안으로 삼키는 방법을 고안했다. 항암제가 필요한 부위에 전달돼 종양만을 공격하고 다른 부위에는 타격을 주지 않는 약물 전달 방법을 개발한 것이다. 나노입자를 이용해 질병을 치료하는 기술도 다각도로 연구되고 있다. 10개에서 수천 개 정도의 원자로 구성된 물질을 나노입자라고 한다. 세포보다 훨씬 크기가 작은 나노입자는 세포 안 목표 지점까지 쉽게 도달할 수 있으므로 암세포로 들어가 집중적으로 공격할 수 있다.

나노의학의 궁극적인 목표는 드렉슬러와 프레이터스가 꿈꾼 나노봇의 개발이다. 《사이언티픽 아메리칸》 4월호 나노의학 특집에 따르면 이런 의학용 나노봇이 나타나려면 10~20년은 기다려야 할 것 같지만 〈환상 여행〉의 잠수정 같은 나노봇이 마침내 개발될 것임에 틀림없다. (2015년 6월 24일)

4차원 인쇄

대도시 지하에 매설한 수도관이 파손돼 누수가 발생하면 땅속을 파헤치는 공사를 벌여 새것으로 교체할 수밖에 없다. 그러나 수도관 스스로 파열된 부분을 땜질하는 기능을 갖고 있다면 구태여 보수 작업을 하지 않아도 될 것이다. 이처럼 스스로 조립을 하거나, 새로운 모양으로 바뀌거나, 바람직한 특성으로 변화하는 물질을 '프로그램 가능 물질PM · programmable matter'이라 이른다.

프로그램 가능 물질은 3차원 인쇄3D printing의 연장선상에 있다. 3차원 인쇄 또는 첨가제조additive manufacturing는 3차원 프린터를 사용해 원하는 물건을 바로바로 찍어내는 맞춤형 생산 방식이다.

1984년 미국에서 개발된 3D 인쇄는 벽돌을 하나하나 쌓아올려 건물을 세우는 것처럼 미리 입력된 입체 설계도에 맞춰 3D 프린터가 고분자 물질이나 금속 분말 따위의 재료를 뿜어내 한 층 한 층 첨가하는 방식으로 제품을 완성한다. 3D 인쇄는 초콜릿이나 인공장기처럼 작은 물체부터 무인항공기나 자동차 같은 큰 구조물까지 활용 범위가 확대일로에 있다.

프로그램 가능 물질 기술은 3차원 인쇄에 사용된 물질에 프로그램 능력, 이를테면 물질 스스로 조립하거나 모양 또는 특성을 바꾸는 기능을 추가하기 때문에 4차원 인쇄4DP라고도 한다.

1990년대 초부터 몇몇 과학자가 상상한 프로그램 가능 물질은 2007년부터 본격적 연구가 시작된다.

미국 국방부(펜타곤)가 초소형 로봇이 더 큰 군사용 로봇으로 모양이 바뀌게끔 설계 및 제조하는 사업에 착수했기 때문이다.

프로그램 가능 물질 연구는 아직 10년도 되지 않았지만 몇 가지 접근방법이 실현됐다. 미국 매사추세츠공대 연구진은 물체가 특정 자극에 반응해 다른 모양으로 바뀌도록 미리 프로그램을 해두는 방법을 채택해 가령 뱀처럼 생긴 한 가닥 실이 물속에 들어가자 모양이 바뀌는 것을 보여줬다.

한편 미국 버지니아공대에서는 3차원 인쇄 도중 물체의 특정 구조에 특수 기능을 내장시키고 인쇄가 완료된 뒤 외부 신호로 그 기능을 자극해 물체의 전체 모양이 바뀌게끔 하는 데 성공했다.

2014년 펜타곤은 4차원 인쇄로 위장용 군복을 개발하는 사업에 100만 달러 가까이 투입했다. 프로그램 가능 물질인 이 군복은 주변 환경과 병사의 신체 상태에 따라 스스로 외부 열을 차단 또는 흡수하는 기능을 갖게 될 것으로 기대된다. 펜타곤은 궁극적으로 영화 〈터미네이터 2〉의 로봇과 비슷하게 장애물에 따라 모양이 바뀌는 변신 로봇 개발을 꿈꾸고 있다.

프로그램 가능 물질은 거의 모든 물체에 활용될 전망이다. 2014년 5월 미국 국제 문제 싱크탱크 애틀랜틱카운슬Atlantic Council이 발행한 보고서 〈다음 물결The Next Wave〉은 4차원 인쇄에 대한 최초의 전략 보고서답게 프로그램 가능 물질 사례를 흥미롭게 소개한다. 옷이나 신발이 착용자에게 맞게 저절로 크기가 바뀐다. 상자 안에 분해돼 들어 있던 가구가 스스로 조립해 책상도 되고 옷장도 된다. 도로나 다리에 생긴 균열이 스스로 원상 복구된다. 비행기 날개가 공기 압력이나 기상 상태에 따라 형태가 바뀌면서 비행 속도를 배가한다.

자기 조립하는 건물도 실현 가능하다. 용지 위에 건물 부피만 한 프로그램 가능 물질을 쏟아붓고 해당 구조에 전기통신 및 배관 공사를 지시하면 온전한 건물 한 채가 완성된다. 특히 달이나 화성에 건물을 지을 때 효과적인 방법으로 여겨진다. 우주 궤도에 작은 부품 상자를 쏘아올리고 스스로 통신위성으로 조립하게끔 할 수도 있을 것이다.

애틀랜틱카운슬 보고서는 프로그램 가능 물질을 사용하면 자유자재로 필요한 기능을 가진 물체로 바꿀 수 있으므로 자원의 재사용이 가능해 지속가능발전에 크게 도움이 될 것으로 전망한다. 하지만 4차원 인쇄에도 문제가 없을 수 없다. 가령 자기 조립 건물의 프로그램이 해킹당해 붕괴하면 그 안의 사람들은 어찌 될 것인가. (2015년 5월 27일)

머리 이식

1997년 영화 〈얼굴 맞바꾸기Face Off〉는 미국 연방수사국 요원과 테러범이 서로의 안면을 떼어낸 뒤 이식을 해 얼굴이 맞바뀐 상황을 연출한다. 2005년 11월 프랑스에서 세계 최초로 다른 사람의 얼굴을 부분적으로 이식하는 안면 수술에 성공했다.

얼굴뿐만 아니라 머리 자체를 바꾸는 것을 꿈꾸는 사람들도 있다. 머리 이식head transplant은 공상과학 영화 소재에 머물렀으나 20세기 초부터 몇몇 과학자가 동물을 대상으로 실험을 실시했다.

1908년 미국 생리학자 찰스 거스리(1880~1963)는 작은 잡종견 머리를 큰 개의 목에 접합하는 실험을 했다. 큰 개의 머리는 손대지 않았으므로 머리가 두 개 달린 상태였다. 1954년 러시아 외과의사 블라디미르 데미코프(1916~1998)는 잡종 강아지의 상체를 몸집이 더 큰 개의 목 혈관에 접합시켰다. 앞다리가 달린 채로 상체를 접합했으므로 목 두 개,

앞다리 네 개가 달린 개가 생긴 것이다. 이 개는 수술 뒤 29일간이나 생존했다.

머리가 제거된 포유동물의 몸뚱이에 새 머리를 이식하는 수술은 미국 신경외과학자 로버트 화이트에 의해 처음 시도됐다. 1970년 화이트는 붉은털원숭이가 머리 이식수술 이후 마취에서 깨어나 두개골의 신경 기능을 완벽하게 회복했으며 8일 동안 살아 있었다고 발표했다.

화이트는 원숭이 머리 이식수술 절차를 조금만 응용하면 사람 머리 이식도 가능할 것이라고 주장했다. 그가 말하는 사람의 머리 이식수술 과정은 머리를 주는 사람과 머리를 받는 사람을 마취시키는 것으로 시작된다. 두 사람의 목둘레를 절개한 뒤 조직과 근육을 분리해 동맥·정맥·척추를 노출시킨다. 뇌가 충분한 혈액 공급, 곧 산소를 받도록 하기 위해 피의 응고를 방지하는 약품을 혈관마다 집어넣는다. 두 사람의 목 척추에서 뼈를 제거한 뒤 척수를 드러낸다. 척추와 척수를 분리한 다음 이식해야 하는 머리를 절단해 머리가 이미 잘려 있는 몸에 접합시킨다. 이어서 이식된 머리에 달린 정맥과 동맥을 새로운 몸의 정맥과 동맥에 봉합한다. 근육과 피부가 차례대로 봉합되면서 머리 이식수술이 완료된다.

화이트에 이어 머리 이식수술 연구에 성과를 올린 인물은 이탈리아 외과의사 세르조 카나베로이다. 온라인 학술지《국제외과신경학Surgical Neurology International》2월 3일자에 발표한 논문에서 카나베로는 화이트와 유사한 머리 이식수술 방법을 제안하고, 가장 어려운 문제는 몸의 면역계가 새 머리를 거부하지 못하게끔 하는 것이라고 밝혔다. 화이트의 머리 이식수술이 실패한 이유 중 하나는 원숭이 머리가 새 몸뚱이에 의해 거부됐기 때문이다. 일부 전문가들은 남의 장기나 팔다리를 받아들이게 하는 약품을 투여하면 면역 거부 반응을 손쉽게 해결할 수 있다고 주장한다.

영국 주간《뉴사이언티스트》2월 28일자에는 머리 이식을 커버스토리로 다루면서 카나베로의 아이디어가 현실화할 것으로 전망했다. 사고로 목 아랫부분이 마비되거나, 나이가 들어 근육과 신경 기능이 저하되거나, 암에 걸려 완치가 어려운 사람들이 머리 이식을 희망할 것 같다.

특히 머리보다 새 몸뚱이가 더 젊다면 젊은 피가 머리로 순환돼 몸과 마음의 기능이 더 좋아질 가능성이 높다는 주장도 나온다.

사람의 머리 이식은 필연적으로 윤리 문제를 야기한다. 그러나 화이트나 카나베로는 머리 이식에 필요한 몸은 뇌사 판정을 받은 사람으로부터 기증받을 것이므로 머리 이식에 따른 생명윤리 문제를 심각하게 생각할 필요는 없다고 주장한다. 하지만 머리 이식으로 목 아래 신체기관, 이를테면 심장 · 젖가슴 · 팔다리 · 배꼽 · 생식기 · 발톱 · 항문 따위가 송두리째 남의 것으로 바뀐 사람을 수술받기 전의 그 사람과 똑같다고 보기는 어렵지 않겠는가.

6월 12일 미국 메릴랜드에서 개최되는 신경학 관련 학술회의에서 카나베로는 "2017년 초에 사람의 머리 이식수술에 성공할 수 있다"고 발표할 예정인 것으로 알려졌다. (2015년 3월 4일)

2
미 래 사 회

위대한 해체

전 세계 휴대전화 가입자 수(46억 대)가 전 세계 칫솔 사용량(42억 개)보다 더 많은 것으로 알려졌다. 산업화가 제대로 되지 않은 개발도상국 사람마저 모바일 기술을 활용하고 있음을 보여주는 통계이다. 이는 전 세계 사람들이 정보통신 기술ICT 혁명의 혜택을 누리게 될 날이 임박했음을 예고하는 사례의 하나일 따름이다.

누구나 인터넷에 접속하면 디지털 공간에서 지식과 정보는 물론 갖가지 오락거리를 상당 부분 공짜로 이용할 수 있다. 따라서 산업시대처럼 필요한 재화와 서비스를 구매해서 소유하던 관행이 차츰 사라지고, 디지털 공간에서 필요할 때마다 비용을 거의 지불하지 않고 필요한 것에 접근해 사용하는 소비 행태가 자리 잡게 됐다. 이를테면 산업시대의 소유에서 디지털 시대의 접근으로 바뀌고 있는 것이다.

미국 미래학자 제러미 리프킨은 이런 변화를 일찌감치 간파하고 인터넷에 바탕을 둔 네트워크 경제의 특성을 분석했다. 2000년 펴낸《접근의 시대The Age of Access》에서 리프킨은 정보통신 기술 혁명으로 인간의 사회활동이 가상공간(사이버스페이스)에서 이루어짐에 따라 "시장이 네트워크에 자리를 내주면서 소유는 접근으로 이동하고, 판매자와 구매자는 공급자와 사용자로 바뀌기 시작했다"고 진단했다.

미국 벤처기업가 출신 저술가 스티브 사마티노 역시 모든 사람이 정보통신 기술에 접근하게 됨에 따라 산업사회의 소유체제가 디지털 사회의 접근체제로 바뀌면서 "제품의 생산과 소비, 금융, 미디어에 이르기까지 거의 모든 영역에서 경제와 산업의 지형이 해체 또는 파편화되고 있다"고 진단한다. 2014년 9월 펴낸《위대한 해체The Great Fragmentation》에서 사마티노는 "경제의 대세는 한마디로 '해체'이다. 산업의 모든 것이 훨씬 작은 규모로 파편화된다. 접근성이 확장되면 더 많은 경쟁자가 유입돼 우리가 하는 것과 만드는 모든 것에서 선택의 틈새가 넓어진다. 생산자와 구매자 사이의 경계가 허물어지고, 비즈니스는 사람 중심적인 단계로 이동한다. 요컨대 경제가 점차 분산화되는 것"이라고 주장한다.

이런 맥락에서 사마티노는 제조업, 금융, 미디어산업의 위기를 진단하고 생존 비법을 처방한다. 제조업의 경우 우리 모두가 같은 기술에 접근할 수 있으므로 누구나 생산 과정에 직접 참여하게 된다. 개인이든 기업이든 인터넷 클릭 몇 번이면 필요한 물건을 척척 만들어주는 공장을 쉽게 찾아내서 직거래를 할 수 있기 때문이다. 산업시대에 돈이 가장 많이 소요된 부분인 공장 시설에 누구나 접근할 수 있는 시대가 온 것이다. 사마티노는 "이제 공장을 소유할 필요가 없다. 이는 산업혁명 이래 제조업에서 발생한 가장 큰 변화"라면서 중국 인터넷 소매업체 알리바바의 성공 요인으로 꼽았다. 알리바바는 제조업자와 구매자를 연결해주는 인터넷 사업으로 출발해 전 세계 420만 제조업체의 물건을 구매자가 지정하는 곳까지 배달한다.

금융과 미디어도 해체의 물결에 휩쓸릴 수밖에 없다. 은행 같은 금융기관은 덩치가 커서 정보통신 기술 혁명의 영향권 밖에 있을 것 같지만 크라우드펀딩crowdfunding처럼 사용자 사이에 직접 이루어지는 금융 때문에 해체될 가능성이 높다. 사마티노는 크라우드펀딩을 '우리 모두가 은행이라는 사실을 각성한 위대한 결과'라고 강조한다. 해체의 시대에 가장 크게 분열되는 산업으로 미디어 분야가 손꼽힌다. 인터넷에 접속하는 순간 우리 모두가 그럴듯한 미디어로 변신하기 때문이다. 이를테면 모든 개인이 미디어 기업인 셈이다.

《위대한 해체》는 금융과 미디어 같은 거대산업의 종말을 예고하면서 "산업혁명 이후 처음으로 사업 규모가 작은 것이 큰 것보다 유리한 시대가 됐다"고 강조하고 "기업은 새 제품이나 점진적 혁신만으로는 해체의 물결을 헤쳐 나갈 수 없다"면서 "기업은 제 손으로 자기를 파괴하지 않으면 살아남을 수 없다"고 충고한다. (2015년 1월 21일)

순환경제

커피 원두는 농장을 떠나는 순간부터 주전자에서 추출될 때까지 전체의 99.8%가 버려지고 겨우 0.2%만이 이용된다. 커피 쓰레기가 농장과 매립지에서 썩어가는 동안 수백만 t의 온실가스가 배출된다. 커피 쓰레기의 주성분은 버섯이 먹고 자라는 셀룰로오스(섬유소)이다. 1990년 홍콩 중문대의 슈팅 창 교수는 버섯 재배에 커피 쓰레기가 활용될 수 있음을 입증했다. 이를 계기로 콜롬비아, 짐바브웨, 세르비아 등 세계 곳곳에서 커피 쓰레기를 버섯 생산으로 순환해 식품 생산과 일자리 창출에 성과를 내고 있다. 2010년 군터 파울리가 펴낸 《청색경제The Blue Economy》는 "전 세계 45개국 2,500만 개 커피 농장에서 버섯 재배를 하면 5,000만 개의 일자리가 생긴다"고 썼다.

자연에서는 한 개체의 쓰레기가 다른 개체의 양분과 에너지가 되는 사례가 허다하다. 생태계의 이런 순환 방식에서 영감을 얻은 순환경제

circular economy가 국제적 관심사로 떠올랐다.

오늘날 경제는 '수취-제조-처분take-make-dispose'하는 방식, 곧 유용한 자원을 채취해서 제품을 만들고 그 쓰임이 다하면 버리는 3단계 구조로 가동하는 선형경제linear economy이다. 선형경제에서는 자원이 순환되지 않고 모두 쓰레기로 버려질 수밖에 없다.

1970년대에 거론되었으나 오랫동안 아이디어 차원에 머물러 있던 순환경제가 21세기에 접어들면서 선형경제의 대안으로 부각되는 까닭은 전 지구적인 자원 낭비와 환경 파괴 문제를 해결하는 효율적인 접근방식으로 여겨지기 때문이다. 특히 세계경제포럼(다보스포럼)에 참여한 기업인 사이에 선형경제의 한계를 우려하는 공감대가 확산되면서 순환경제의 필요성이 제기되었다. 가령 2013년과 2014년 다보스포럼의 핵심 화두는 순환경제였으며, 6월 유럽연합EU은 재활용 및 재사용 목표를 상향 조정한 순환경제 제안을 발표했다. 이 제안은 유럽 회원국에 2030년까지 도시 쓰레기의 70%, 포장재 폐기물의 80%를 재활용하도록 권고했다.

세계 유수 기업 중에는 순환경제에 동참해 경쟁력을 배가하는 사례가 한둘이 아니다. 쓰레기를 재활용하는 대표적 기업은 제너럴모터스와 스타벅스가 손꼽힌다. 제너럴모터스는 자동차 공장 폐기물을 원가 절감과 환경 보호 측면에서 평가해 재활용한다. 쓰레기 재활용으로 증대되는 매출은 연간 10억 달러나 되는 것으로 추정된다. 스타벅스는 커피 쓰레기의 재활용을 시도한다. 2012년 홍콩 스타벅스에서 커피 찌꺼기로 플라스틱의 원료인 호박산을 생산하는 연구에 착수했다. 스포츠용품을 판매하는 푸마처럼 소비자로부터 중고품을 수거해서 새 물건을 만드는 데 사용하는 기업도 늘어나는 추세이다. 2년 전에 시작된 이 순환제도는 전 세계 푸마 매장의 40%까지 확대된 것으로 알려졌다.

전자제품은 낡은 부품을 새것으로 교체해 사용할 수 있으므로 이른바 재제조가 가능하다. 순환경제의 세계적인 선두 기업으로 유명한 리코는 1994년부터 복사기를 재제조할 수 있게끔 설계했다. 리코는 낡은 복사기가 수거되면 일부 부품을 교환해 성능이 향상된 제품으로 다시 판매한다.

한편 구글의 아라 프로젝트Project Ara는 스마트폰 사용자가 오래된 부품을 새것으로 교체해 직접 조립할 수 있게끔 혁신적인 설계 기법을 채택하고 있다.

순환경제 전문 연구기관인 엘런맥아더재단에 따르면 순환경제로 전환할 경우 세계 경제는 2025년까지 매년 1조 달러의 절감효과가 기대된다. 순환경제는 역시 자연에서 답을 찾는 청색경제와 함께 우리 기업에도 도전이자 기회가 아닐 수 없다. (2014년 10월 1일)

집단재능

최근 미국 경제 전문지 《포브스》가 발표한 '2015년 세계 부자' 명단에 따르면 미국 마이크로소프트MS 공동 창업자 빌 게이츠가 작년에 이어 올해도 세계 최고 갑부로 밝혀졌다. 이건희 삼성그룹 회장은 110위, 그 아들인 이재용 삼성전자 부회장은 서경배 아모레퍼시픽그룹 회장과 함께 공동 185위를 기록했다. 이건희 회장이 평소에 "빌 게이츠 같은 천재 한 명이 100만 명을 먹여 살린다"고 역설할 만도 했다.

어디 빌 게이츠뿐이랴. 애플의 스티브 잡스, 구글의 세르게이 브린, 페이스북의 마크 저커버그 같은 발명 영재들은 세계 기업 판도를 바꿔놓았다. 이런 성공 신화 때문에 기업의 성패가 창의력이 뛰어난 극소수 인재에 달려 있다고 여기는 경영인이 한둘이 아니다.

과연 항상 그럴까. 이런 맥락에서 세계 최고 창의적 기업으로 손꼽히는 미국 컴퓨터 애니메이션 회사 픽사의 성공 신화는 시사하는 바가 적지 않다.

픽사 신화의 주인공은 1986년 스티브 잡스와 함께 픽사를 설립한 에드윈 캣멀이다. 그는 1995년 11월 미국에서 개봉한 세계 최초의 장편 3D 컴퓨터그래픽 애니메이션 〈토이 스토리〉로 대박을 터뜨렸다. 2014년 4월 펴낸 《창의성 회사Creativity, Inc.》에서 캣멀은 30년 가까이 픽사를 경영하면서 창의성과 혁신의 대명사가 되게끔 기업을 성장시킨 비결을 털어놓았다.

그는 머리말에서 "어떤 분야에든 사람들이 창의성을 발휘해 탁월한 성과를 내도록 이끄는 훌륭한 리더십이 필요하다고 생각한다"고 전제하고 픽사에 창의적인 조직 문화를 구축한 과정을 소개한다. 그는 창의성에 대한 통념부터 바로잡았다. "창의적인 사람들은 어느 날 갑자기 번뜩이는 영감으로 비전을 만드는 것이 아니라 오랜 세월 헌신하고 고생한 끝에 비전을 발견하고 실현한다. 창의성은 100*m* 달리기보다는 마라톤에 가깝다."

캣멀이 픽사를 창의적 기업으로 만든 비결은 다음과 같이 요약된다.

"직원들의 창의성을 이끌어내고 싶은 경영자는 통제를 완화하고, 리스크를 받아들이고, 동료 직원들을 신뢰하고, 창의성을 발휘해 일할 수 있는 환경을 조성하고, 직원들의 공포를 유발하는 요인에 주의를 기울여야 한다."

캣멀의 《창의성 회사》는 경영학 도서로 높은 평가를 받는다. 혁신이나 리더십을 다룬 책은 많지만 《창의성 회사》처럼 혁신과 리더십의 관계를 탐구한 저서는 찾아보기 힘들기 때문이다.

2014년 6월 리더십 분야 세계 최고 권위자로 손꼽히는 미국 하버드대 경영대학원 린다 힐 교수가 펴낸《집단재능Collective Genius》에 의해 '창의성 회사'의 가치도 재평가됐다. 힐 교수는 혁신과 리더십의 관계를 분석하기 위해 이 책을 집필했다고 밝혔기 때문이다.《집단재능》에서 힐은 "좋은 리더가 혁신에서도 효율적인 리더라고 여기기 쉽지만 이는 잘못일뿐더러 위험한 생각"이라고 전제하고, 혁신을 성공적으로 이뤄낸 최고경영자를 인터뷰해서 그들의 리더십을 분석했다. 미국 · 독일 · 중동 · 인도 · 한국에서 영화 제작, 전자상거래, 자동차 제조업 등에 종사하는 기업 총수 열두 명의 리더십이 소개된 이 책에는 하버드대 경영대학원 출신인 성주그룹 김성주 회장(대한적십자사 총재)도 포함됐다.

힐은《집단재능》에서 "기업의 혁신적 제품은 거의 모두 한두 명의 머리에서 나온 것이 아니라 여러 사람이 노력한 결과임을 확인했다"고 강조하고 혁신을 '팀 스포츠'에 비유했다. 따라서 진정한 혁신 리더십은 "구성원의 재능을 한데 모아 '집단재능'으로 만들어낼 수 있어야 한다"는 결론에 도달한다. 힐은 이런 리더십으로 혁신 조직이 구축된 최고의 성공 사례로 픽사를 꼽았음은 물론이다. 창의성을 마라톤에 비유한 캣멀과 집단적 노력의 결과로 보는 힐은 같은 생각을 하고 있는 셈이다. 격월간《사이언티픽 아메리칸 마인드》3 · 4월호 인터뷰에서도 힐은 "혁신의 성패는 집단재능을 이끌어내는 리더십에 달려 있다"고 강조했다. (2015년 4월 29일)

생물모방 도시

중국 정부가 생태도시 건설을 주요 시책으로 추진하고 있다. 생태도시는 세 종류로 나뉜다. 생물다양성 생태도시는 다양한 생물이 서식하게끔 녹지와 하천을 조성한다. 자연순환성 생태도시는 자원의 재활용 및 재사용 체계를 구축한다. 지속가능성 생태도시는 건축과 교통이 생태계에 안기는 부담을 최소화하는 데 주력한다. 중국이 건설 중인 둥탄東灘, 팡좡方庄, 랑팡廊坊은 지속가능성 생태도시이다.

중국이 생태도시 건설에 박차를 가하는 이유는 두 가지이다.

첫째, 도시로 이동하는 농촌 인구를 수용하기 위해 신도시 건설이 불가피하다. 둘째, 세계에서 이산화탄소를 가장 많이 배출하는 환경오염 국가라는 비난을 의식하지 않을 수 없기 때문이다. 이를테면 두 마리 토끼를 한꺼번에 잡기 위해 추진되는 첫 번째 생태도시 프로젝트가 둥탄 건설이다. 상하이 근교 섬에 위치한 둥탄은 2001년부터 2050년까지 인구 50만 명을 수용하는 세계 최대 생태도시를 목표로 건설되고 있다.

둥탄 신도시 건설에는 영국의 다국적 기업 애럽Arup이 참여하고 도시계획 전문가 피터 헤드가 실무 작업을 주도한다. 애럽은 허베이성에 위치한 팡좡의 설계도 도맡았다.

헤드는 둥탄과 팡좡의 설계 원칙으로 생물모방biomimicry을 채택했다. 1997년 미국 생물학 저술가 재닌 베니어스가 펴낸《생물모방》을 탐독하고 영감을 얻었기 때문이다. 이 책의 말미에는 생물이 수십억 년에 걸친 자연선택을 통해서 생존을 위해 터득한 전략이 열 가지 나열돼 있다. 생물의 성공적인 생존을 위한 십계명이라 할 수 있다. 헤드는 베니어스가 제시한 십계명을 생태적 설계 원칙으로 삼아 둥탄과 팡좡에 적용했다.

팡좡은 전통 가옥과 배나무 과수원이 많은 농촌 지역이다. 헤드는 신도시 건설로 지역경제가 활성화됨과 동시에 농부들이 계속해서 농사를 지을 수 있어야만 도시 부자와 시골 농부 사이의 빈부 격차를 좁힐 수 있다고 생각했다.

따라서 헤드는 도시와 농촌이 유기적으로 결합되는 생태도시 계획을 세웠다. 농지 35%에만 건물을 올리고 나머지 65%는 그대로 농사를 짓게끔 했다. 그러나 이 정도 도시계획으로는 지속가능한 설계 조건을 충족시킬 수 없으므로 베니어스의 십계명에 관심을 가진 것이다.

가령 '생물은 에너지를 효율적으로 모으고 사용한다'는 생물모방의 세 번째 전략을 교통 체계 설계에 반영했다. 교통 체계의 이동성을 최대화하는 대신 접근성을 최적화하는 방향으로 설계해 에너지 수요를 80%까지 절감하게 됐다. 이처럼 생물모방 원리가 팡좡 설계에 반영됐기 때문에 팡좡은 '생물모방 도시'라 불린다.

베이징 인근의 랑팡 역시 생물모방 원칙으로 설계된 지속가능성 생태도시이다. 미국 최대 설계 회사 HOK가 이 도시 건축 계획을 입안했다. 지속가능성 설계의 선두주자인 HOK는 2008년 9월 베니어스와 손잡고 건물과 도시 설계에 생물모방 원리를 적용하기 시작했다. HOK 설계 전문가와 생물모방 전문가가 함께 현장을 방문해 그 지역 동식물이 사용하는 가장 성공적인 생존 전략을 건물과 도시 설계에 반영한다. 2013년 6월 HOK와 베니어스 연구소가 함께 만든 보고서 〈바이옴의 특성Genius of Biome〉이 발표됐다. 바이옴은 기후 조건에 따라 구분된 생물의 군집 지역을 뜻한다. 열대우림, 사막, 툰드라 따위가 바이옴이다. 이 보고서는 생물모방 원리를 지속가능한 건축과 도시 설계에 적용하는 지침을 제시한다.

우리나라 지방자치단체들도 생태도시에 대한 관심이 작지 않다. 2014년 10월 순천과 울산은 생태공원을 조성해 생물다양성 생태도시를 추구한다. 지난 2월 김포와 안산은 자연순환성 생태도시 구상을 발표했다. 전주는 지속가능성 생태도시로 거듭나기 위해 영국의 생태도시 브리스틀과 협력 방안을 논의 중이다. 용인도 지속가능한 청색기술 도시 건설을 검토하고 있는 것으로 알려졌다. (2015년 5월 13일)

직업의 미래

직장에서 로봇을 상사로 섬겨야 하는 사람이 늘어나고 있다.

해마다 10대 전략 기술을 발표하는 미국 시장조사 기업 가트너가 최근 선정한 '2016년 10대 전략 기술'에 따르면 2018년 300만 명의 노동자가 로봇 상사roboboss의 통제를 받게 될 전망이다. 로봇 상사는 사람보다 더 정확하게 부하의 실적을 평가해 인사에 반영하거나 상여금을 산정할 것으로 여겨진다. 사람의 지시를 받던 로봇이 사람을 대체하는 단계를 지나 마침내 사람을 부하로 부리는 세상이 오고야 마는 것 같다.

1980년대 후반부터 산업용 로봇이 수십만 대로 증가하면서 공장 노동자들에게 위협적 존재가 됐다. 기업주들이 로봇을 사람이 힘들어하는 '지루하고, 더럽고, 위험한' 이른바 3D 작업에 우선적으로 배치해 종업원을 보호하기보다는 노무비 절감이나 노사 문제의 해결책으로 활용하려 했기 때문이다. 로봇에 일자리를 빼앗긴 노동자들의 실직 문제가 사회적 쟁점이 됐다.

게다가 인공지능의 발달로 기계가 단순 반복 노동에 기반을 둔 사무직에서조차 사람을 대체하기 시작함에 따라 실업과 일자리 부족 문제가 세계 공통의 현상으로 나타났다.

가령 공항 무인발권기로 항공권 출력과 좌석 배정까지 한꺼번에 끝낼 수 있게 되면서 기계가 항공사 사무직원의 일자리를 빼앗아가는 결과가 빚어지는 실정이다.

에릭 브린욜프슨 미국 매사추세츠공과대 경영학 교수는 "기계가 단순노동자의 일을 대신하기 때문에 대부분 나라에서 빈부 격차가 발생한다"고 주장했다. 2011년 출간된 《기계와의 경쟁Race Against the Machine》에서 그는 기술 발전으로 인간이 기계와의 싸움에서 패배한 것이 경제적 불평등을 심화하는 핵심 요인이라는 논리를 전개했다.

영국 옥스퍼드대 연구진은 기술 발전이 일자리에 미치는 영향을 처음으로 계량화한 연구 성과로 자리매김한 논문을 내놓았다.

2013년 9월 발표된 〈직업의 미래The Future of Employment〉라는 논문이다. 이 논문은 미국 702개 직업을 대상으로 컴퓨터에 의한 자동화computerisation에 어느 정도 영향을 받는지 분석했다. 직업에 영향을 미칠 대표적 기술로는 기계학습machine learning과 이동로봇공학mobile robotics이 손꼽혔다. 이 두 가지 인공지능 기술은 반복적인 단순 업무뿐만 아니라 고도의 인지 기능이 요구되는 직업도 대체할 것으로 밝혀졌다.

가령 구글이 개발 중인 무인자동차, 곧 무운전차driverless car는 결국 운송 관련 직업의 자동화를 예고한다. 자율주행 자동차는 운송 업체의 운전자들을 무용지물로 만들 수 있다는 뜻이 함축돼 있다. 이 논문은 기계학습 같은 인공지능 기술 발전에 따라 자동화가 되기 쉬운 직업은 절반에 가까운 47%나 되고, 컴퓨터의 영향을 중간 정도 받을 직업은 20%, 컴퓨터 기술이 아무리 발전해도 쉽게 대체될 것 같지 않은 직업은 33%에 불과한 것으로 분석했다. 이런 노동시장의 구조 변화는 두 가지 추세를 나타낸다.

첫째, 중간 정도 수준의 소득을 올리던 제조업이 인공지능으로 자동화되면서 일자리를 상실한 노동자들이 손기술만 사용하므로 자동화되기도 어렵고 소득 수준도 낮은 서비스업으로 이동한다. 둘째, 비교적 높은 수준의 지식과 경험이 요구되는 상위 소득 직업은 여전히 일자리가 늘어난다. 결과적으로 소득이 높은 정신노동 직업과 소득이 낮은 근육노동 시장으로 양극화되고 중간 소득 계층인 단순 반복 작업의 일자리는 사라지게 될 것으로 예상된다.

2015년 5월 미국 벤처기업가 마틴 포드가 펴낸 《로봇의 융성Rise of the Robots》 역시 인공지능에 의해 변호사나 기자 같은 전문직도 로봇으로 대체된다고 주장한다.

21세기에 살아남을 일자리는 인공지능이 취약한 부분, 예컨대 패턴인식pattern recognition 기능이 요구되는 직업일 수밖에 없다. 환경미화원이나 경찰관처럼 세상을 깨끗하게 만드는 직업이 패턴인식 능력이 필요해 로봇으로 대체하기 어렵다니 얼마나 다행스러운가. (2015년 10월 28일)

사이보그 시민

젊은 여성들이 의료기술로 얼굴을 뜯어고치거나 지방을 삽입하는 일이 일상화되고 있음에 따라 우리 사회에 사이보그cyborg가 많아지고 있다. 사이보그는 사이버네틱 유기체cybernetic organism의 합성어이다. 1960년 9월 미국 컴퓨터 기술자 맨프레드 클라인스와 정신과 의사 나단 클라인이 함께 발표한 논문 〈사이보그와 우주〉에서 처음 사용한 단어이다. 이들은 "사람은 장기이식과 약물을 통해 개조될 수 있으며, 그렇게 되면 우주복을 입지 않고도 우주에서 생존할 수 있을 것"이라고 주장하고 기술적으로 개조된 인체, 곧 기계와 유기체의 합성물을 사이보그라고 명명했다. 다시 말해 사이보그는 생물과 무생물이 결합된 자기조절 유기체이다. 따라서 유기체에 기계가 결합되면 그것이 사람이건 바퀴벌레이건 박테리아이건 모두 사이보그라 부른다. 사람만이 사이보그가 될 수 있는 것은 아니다.

사이보그는 기본적으로 자기조절 기능을 가진 시스템, 곧 사이버네틱스 이론으로 규정되는 유기체이다. 사이버네틱스는 1948년 미국의 노버트 위너(1894~1964)가 펴낸 《사이버네틱스Cybernetics》에 제안된 이론이다. 이 책의 부제는 '동물과 기계에서의 제어와 통신Control and Communication in the Animal and the Machine'이다. 요컨대 동물과 기계, 즉 생물과 무생물에는 동일한 이론에 의해 탐구될 수 있는 수준이 있으며, 그 수준은 제어 및 통신의 과정에 관련된다는 것이다. 생물과 무생물 모두에 대해 제어와 통신의 과정을 사이버네틱스 이론으로 동일하게 고찰할 수 있다는 것이다.

사이보그라는 용어는 오랫동안 주로 공상과학 영화, 예컨대 〈터미네이터〉(1984), 〈로보캅〉(1987), 〈공각기동대〉(1995), 〈매트릭스〉(1999)의 주인공을 묘사하는 데 사용되는 낱말에 불과할 따름이었다. 한편 미국 페미니즘 이론가 도나 해러웨이는 1985년 〈사이보그 선언A Manifesto for Cyborgs〉이란 논문을 발표하고 사이보그를 성차별 사회를 극복하는 사회정치적 상징으로 제시했다. 이를 계기로 사이보그학cyborgology이 출현했으며 사이보그는 공상과학 영화에서 뛰어나와 새로운 학문적 의미를 부여받게 된 것이다.

사이보그는 종류가 다양하기 이를 데 없다. 유기체를 기술적으로 변형시킨 것은 모두 사이보그에 해당되기 때문이다. 가령 생명공학기술과 의학기술로 심신의 기능을 개선시킨 사람들, 이를테면 인공장기를 갖거나 신경보철을 한 사람, 예방접종을 하거나 향정신성 약품을 복용한 사람들은 모두 사이보그이다. 특히 병원에서 인공호흡기 같은 생명

연장 기술에 의존해 살아가는 사람들은 활성사이보그enabled cyborg라고 한다. 남녀의 성행위로 아기를 잉태하는 자연 임신과 달리 생식기술과 유전공학이 개입된 인공적 임신을 통틀어 사이보그임신cyborg conception, 그렇게 태어난 아이를 사이보그아기cyborg baby라고 한다.

사이보그 개념을 좀 더 확대하면 우리가 사이보그 사회에 살고 있음을 실감할 수 있다. 우리가 일상생활에서 사용하는 각종 장치, 이를테면 안경 · 휴대전화 · 자동차 등이 우리의 능력을 보완해주기 때문이다. 이런 장치를 사용하는 사람은 기능적 사이보그functional cyborg 또는 줄여서 파이보그fyborg라고 부른다. 우리 모두는 이미 파이보그인 셈이다.

21세기에 생명공학기술과 신경공학이 발전함에 따라 사람이 사이보그로 바뀌는 현상cyborgization이 가속화되면서 우리 사회가 어떤 사이보그는 허용하고 어떤 사이보그는 축출해야 할지 판단할 필요가 있다는 논의가 전개됐다. 가령 미국 컴퓨터 이론가 크리스 헤이블스 그레이는 2001년 펴낸 《사이보그 시민Cyborg Citizen》에서 "인간의 잠재력을 극대화하는 모든 개조 과정은 정치적 성격을 띤다"면서 "모든 사이보그 시민은 자신의 권리를 지킬 필요가 있다"고 주장했다. 어쨌거나 쌍꺼풀 수술을 받은 순간 사이보그 시민이 됐다는 사실을 스스로 인지하는 여성은 얼마나 될는지. (2015년 12월 12일)

돈의 미래

1900년 독일 철학자 게오르크 지멜(1858~1918)이 펴낸 《돈의 철학》은 번역서가 1,000쪽을 넘는 묵직한 고전이다. 돈의 속성을 철학적으로 분석한 이 책에서 지멜은 영원히 만날 수 없는 것으로 여겨지는 돈과 영혼을 결합시킨다. 돈은 사람을 그 영혼으로부터 멀어지게 하기도 하지만 영혼으로 돌아가게 하는 매개체가 되기도 한다는 것이다. 지멜의 표현을 빌리면 '돈은 영혼을 지키는 수문장'이다.

그러나 일상생활에서 돈이 영혼을 타락시키는 경우는 비일비재하다. 많은 사람이 돈에 울고, 돈에 웃는 삶을 꾸려나가고 있지 않은가. 돈은 경제활동을 효율적으로 할 수 있게끔 하는 상품 교환의 매개체일 따름이지만 돈의 위력 앞에서 마음이 흔들리지 않는 사람은 많지 않다.

사람이 돈에 병적으로 집착하는 이유는 돈이 중독성이 강한 마약처럼 마음에 작용하기 때문인 것으로 밝혀졌다. 2006년 영국 엑서터대 심리학자 스티븐 레어는《행동 및 뇌과학Behavioral and Brain Sciences》온라인판 4월 5일자에 발표한 연구 결과에서 사람이 돈에 중독되기 때문에 돈을 벌기 위해 일벌레가 되며, 비정상적으로 돈을 낭비하게 되거나 충동적으로 도박에 빠져든다고 주장했다. 레어는 돈이 니코틴이나 코카인처럼 뇌의 보상체계를 활성화시킬 수 있다고 설명했다.

보상체계는 인류의 지속적 생존을 위해 필수적인 행동인 식사, 섹스, 자식 양육 등을 규칙적으로 해나갈 수 있도록 쾌락으로 보상해주는 신경세포 집단이다. 니코틴이나 코카인 같은 중독성 물질은 보상체계가 그것들을 음식이나 섹스처럼 필요 불가결한 것으로 느끼게 만든다. 요컨대 돈이 보상체계를 활성화시키므로 돈이 떨어지면 끼니를 거른 것처럼 고통을 느끼지만 돈만 생기면 곧장 쾌감을 느낀다는 것이다.

이처럼 돈이 단순한 경제 수단이라기보다는 사람의 마음을 흔들어 놓는 괴력을 지니고 있으므로 화폐제도의 개념을 재정립할 필요가 있다는 주장도 나온다.

돈의 새로운 개념을 제시한 대표적 인물은 미국 저술가 찰스 아이젠스타인이다. 2011년 7월 펴낸《신성한 경제학Sacred Economics》에서 아이젠스타인은 돈을 탐욕 · 사기 · 뇌물 · 부패 따위와 관련된 추악한 것으로 보는 대신에 돈이 선물 · 기부 · 공유 · 나눔 같은 착한 행동을 촉진시키는 측면에 주목할 것을 제안한다.

이를테면 돈을 속된 것에서 신성한 것으로 만드는 대대적인 돈의 혁명을 통해 새로운 개념의 화폐를 창조하고, 이에 따르는 새로운 경제학을 정립해서 인류가 조화로운 삶을 영위하도록 해야 한다는 것이다.

아이젠스타인은 경제학에서 돈의 역사가 원시적 물물교환으로부터 비롯됐다고 전제하는 것은 인류학적 근거가 없는 추측에 불과하다고 주장한다. 그는 "태초에 선물이 있었다. 원형적인 세상의 시작, 우리 삶의 시작, 인류의 시작에 선물이 있었다. 따라서 감사는 뭐라고 정의하기 어려울 만큼 자연스럽고 원초적인 감정"이라고 단언한다.

수렵채집 사회에서 물물교환은 비교적 드문 일이었으며 가장 중요한 경제적 교환 방식은 선물이었다. 초기에 선물경제를 작동시키는 데 굳이 돈이 필요하지 않았지만 사회 규모가 커지면서 선물을 주는 수단으로 돈이 등장한다. 이를테면 돈은 선물과 감사의 징표일 따름이다.

신성한 선물경제에서 파생된 결과였던 돈이 수천 년간 인류 문명을 지배해온 탐욕 · 이기심 · 결핍의 경제체제에 의해 속된 것으로 변하고 만다. 따라서 선물의 매개체로서 돈의 기능을 되찾아 선물의 정신을 세계 경제에 불어넣어야만 수렵채집 시대처럼 인류의 본성과 조화를 이루는 신성한 문명을 건설할 수 있다.

아이젠스타인은 돈에 선물의 신성함을 복원해줄 새로운 경제체제를 '신성한 경제'라고 명명하고, "언젠가는 돈 없이도 수십억 인구 규모의 선물경제를 이룩할 날이 올지도 모른다"고 꿈같은 미래를 설계한다. 어쩌면 이미 선물경제 시대에 접어들었는지도 모른다. 인터넷에서 누구나 수많은 콘텐츠를 공짜로 이용하고 있으니까. (2015년 2월 4일)

지속가능발전 목표

9월 25~27일 유엔총회 세계정상회의에서 지속가능발전 목표SDGs·Sustainable Development Goals 17개가 공식 채택된다. 지속가능발전은 1987년 유엔환경개발위원회가 펴낸 보고서 〈우리 공동의 미래Our Common Future〉에서 "후손들의 필요를 충족시킬 능력을 손상하지 않으면서 한 세대의 필요를 채우는 발전"으로 개념이 규정됐다. 지속가능발전은 경제와 환경이 분리된 것이 아니라 상호의존적인 관계라고 보고, 환경을 보전할 수 있는 경제 발전을 추구하는 접근방법이다. 지속가능발전 개념은 1992년 6월 브라질 리우데자네이루에서 개최된 유엔환경개발회의의 기본 노선이 된다. 리우 회의에 참석한 120여 개국 정상들은 지속가능발전에 관한 행동계획의 틀을 마련했다.

지속가능발전을 위해 가장 먼저 해결해야 하는 문제는 절대빈곤이다. 절대빈곤은 세계 인구 72억 명 중 최소한 10억 명에게는 생사가 걸린 문제이다. 이들은 먹을 것이 없어 날마다 생명을 위협받는 처지이다. 해마다 어린이 650만 명이 다섯 살도 되기 전에 굶어 죽는 실정이다.

2000년 9월 유엔총회 정상회의에서 절대빈곤 퇴치를 겨냥한 '새천년 개발 목표MDGs · Millennium Development Goals'를 채택했다. 2015년까지 15년간 전 지구적으로 추구할 새천년 개발 목표는 8개가 설정됐다. ①절대빈곤과 기아 퇴치 ②보편적 초등교육 달성 ③성평등 촉진과 여성능력 고양 ④유아 사망률 감소 ⑤임산부 건강 개선 ⑥에이즈, 말라리아 따위의 질병 퇴치 ⑦지속가능한 환경 확보 ⑧개발을 위한 전 지구적 협력이다.

2012년 6월 리우데자네이루에서 1992년 정상회의 20주년을 기념하는 유엔지속가능발전회의가 열렸다. '리우+20 정상회의'라 불리는 이 자리에서 발표된 보고서 〈우리가 원하는 미래The Future We Want〉는 MDG를 대체하는 새로운 목표로 SDG의 필요성을 제기했다. 빈곤 퇴치만을 목표로 삼은 MDG로는 전 지구적으로 지속가능발전을 위협하는 요인에 대처하는 데 한계가 있을 수밖에 없었기 때문이다.

리우+20 정상회의에서 논의된 SDG를 구체화하기 위해 반기문 유엔 사무총장은 특별고문인 미국 경제학자 제프리 삭스에게 '지속가능발전 해결을 위한 네트워크SDSN' 구성 임무를 맡겼다.

삭스는 컬럼비아대에서 지속가능발전 강의를 전담할 정도로 세계적인 전문가이다. 2013년 유엔 SDSN은 SDG 10개 목표를 제안했다.

SDG 1—기아를 포함해 절대빈곤을 근절한다. SDG 2—지구 위험

한계선Planetary boundaries 안에서 경제 개발을 성취한다. 기후변화, 해양 산성화, 생물다양성 파괴처럼 인류의 지속적 생존에 관련된 환경 영역을 지구 위험 한계선이라고 한다. SDG 3—모든 어린이와 젊은이에게 양질의 교육과 평생학습 기회를 보장한다. SDG 4—모든 사람에게 성 평등, 사회적 포용, 인권을 누리도록 한다. SDG 5—모든 연령층에 대해 건강한 삶과 복지 서비스를 보장한다. SDG 6—농업 체계를 개선하고 농촌의 생산성을 끌어올린다. SDG 7—모든 도시를 사회적으로 포용하고, 경제적으로 생산적이며, 환경적으로 지속가능하도록 만든다. SDG 8—사람에 의해 유발되는 기후변화를 억제하고 지속가능한 에너지를 확보한다. SDG 9—생태계와 생물다양성을 보전하고 물이나 다른 천연자원의 관리에 만전을 기한다. SDG 10—지속가능한 발전을 위한 협치(거버넌스)를 구축한다. 2014년 12월 반기문 총장은 이를 토대로 세분화된 17개 목표를 발표했다.

3월 초 펴낸 저서 《지속가능발전의 시대》에서 삭스는 SDG가 2000년부터 2015년까지 15년간 추진된 MDG를 대체해 "2016년부터 2030년까지 15년간 지구의 미래를 위한 행동강령이 될 것"이라고 강조했다. 이 책의 서문을 집필한 반 총장은 "우리는 절대빈곤을 끝내는 첫 번째 세대이자 기후변화에 용감하게 맞서는 마지막 세대가 될 것"이라고 썼다. (2015년 8월 19일)

인류세

현생인류의 활동이 행성 지구의 건강 상태에 영향을 미치고 있는 사실을 지구의 지질학적 시간표에 명시해야 한다는 학계의 목소리가 갈수록 커지고 있다.

지구 역사를 지질학적으로 구분하는 시간표는 대era, 기period, 세epoch로 짜인다. 21세기 인류는 신생대 제4기 홀로세에 살고 있다. 신생대Cenozoic era는 중생대가 끝나는 6,600만 년 전에 시작된다. 1억 4,000만 년 동안이나 지구의 지배자로 군림했던 공룡이 절멸하고, 공룡의 눈치를 살피면서 숨어 살던 포유류의 전성시대가 개막된 시기이다. 이 포유류가 진화를 거듭한 끝에 지구의 주인이 된다. 다름 아닌 현생인류이다. 신생대는 제3기Tertiary period와 제4기Quaternary period로 나뉜다. 6,600만 년 전에 시작된 제3기는 250만 년 전에 끝난다. 이어서 시작된 제4기는 오늘날까지 지속된다. 제4기는 홍적세Pleistocene와 충적세Holocene를 포함한다. 250만 년 전에 시작된 홍적세는 1만 년 전쯤 빙하기 끝 무렵에 마감된다. 정확히 1만 1,700년 전에 시작된 충적세(홀로세)는 지질시대 중 마지막 기간으로 오늘날까지 이어지므로 현세Recent epoch라고도 불린다. 이를테면 우리는 충적세, 홀로세 또는 현세에 살고 있다.

지구온난화, 해수면 상승, 오존층 파괴 등으로 지구가 인류 문명을 지탱할 능력을 상실해가고 있다는 경고와 우려가 속출하는 가운데, 네덜란드 대기화학자 파울 크뤼천이 인류가 지구에 미치는 영향을 명시하는 새로운 지질시대가 명명돼야 한다고 주장하고 나섰다. 크뤼천은 1970년 연소과정에서 생성되는 질소산화물이 성층권에서의 오존 고갈 속도에 영향을 줄 수 있음을 밝혀내서 1995년 노벨화학상을 받았다. 2000년 그는 지구가 인류로부터 시달림을 당하고 있는 특정 지질시대를 인류세Anthropocene라고 부를 것을 제안했다.

그는 인류세가 18세기 후반에 산업혁명과 함께 시작됐다고 주장했다. 산업혁명으로 인해 성층권의 오존층에 구멍이 생기기 시작해서 인류의 건강을 위협하는 상태가 됐기 때문이라고 그 논거를 밝혔다. 크뤼천의 학문적 영향력이 막강해서 그에 동의하는 학자들이 갈수록 늘어났다. 2008년 영국 지질학자 얀 잘라시에비치는 인류세를 독립된 지질시대로 채택할 것을 국제층서학위원회ICS에 제안했다.

층서학stratigraphy은 어떤 지역의 지층 분포나 상태를 연구하는 분야이다. 이를테면 지질시대를 결정하는 최고 기관으로 홀로세를 2008년에야 정식으로 인정할 정도로 신중해 인류세도 쉽사리 승인할 것으로 여겨지지 않는다. 하지만 지구의 건강 상태가 악화되고 있어 국제층서학위원회가 인류세를 수용하는 것은 불가피해 보인다는 의견도 만만치 않다.

2009년 국제학술지 《네이처》 9월 24일자에 실린 보고서에 따르면 지구가 중병에 걸린 환자 상태임을 알 수 있다. ①기후변화: 온실가스에 의한 지구온난화로 야기된 기후변화로 생태계 교란, 전염병 창궐, 해수면 상승 등 인류 생존에 빨간불이 켜진 상태이다. ②해양 산성화: 화석연료가 내뿜는 이산화탄소는 바닷물로도 녹아들기 때문에 바다 표면이 갈수록 산성화되어 바다 먹이사슬의 핵심인 식물 플랑크톤이 자라나지 않아 해양 생태계가 붕괴한다. ③오존층 파괴: 태양으로부터 지구로 투사되는 자외선을 차단하는 성층권의 오존층이 사람이 만들어낸 화학물질에 의해 얇아지거나 구멍이 뚫려 자외선이 사람에게 위협이 된다. ④민물 부족: 관개를 위한 담수 공급 기술을 혁신하지 않으면 머지않아 강물이 바닥나서 물 부족 현상이 극심해진다.

2015년 1월 잘라시에비치가 이끄는 12개국 과학자 26명은 "인류세가 최초의 원자폭탄 실험이 실시된 1945년 7월 16일 시작된 것으로 보아야 한다"는 논문을 발표했다. 《네이처》 3월 12일자는 인류세가 지질시대로 채택될 것으로 전망했다. 그렇게 되면 우리는 모두 지구를 괴롭힌 공동정범으로 낙인찍히게 될 수밖에 없다. (2015년 11월 25일)

포스트휴먼

현생인류, 곧 호모사피엔스Homo sapiens의 조상이 네안데르탈인 같은 경쟁자들을 물리치고 지구의 주인이 될 수 있었던 이유에 대해 여러 가설이 제안됐지만 아직 합의된 것은 없다. 현생인류 조상의 뇌가 확대를 거듭해 지능이 발달함에 따라 지구를 정복할 수 있었다는 가설도 있고, 기후변화로 네안데르탈인 등 경쟁자들의 세력이 약해져 반사이익을 얻었다는 설명도 있다.

최근에는 호모사피엔스가 협동하는 능력을 갖고 있어 지구의 당당한 주인이 됐다는 이론이 주목받고 있다. 미국 인류학자인 커티스 매린 애리조나주립대 교수는 《사이언티픽 아메리칸》 8월호 커버스토리로 실린 글에서 "호모사피엔스가 관계없는 사람들과 협동하는 성향을 유전적으로 타고났기 때문에 지구를 지배하게 됐다"는 가설을 제안했다. 이스라엘 히브루대 역사학자 유발 하라리 역시 호모사피엔스가 집단적으로 협력할 줄 아는 유일한 동물이기 때문에 경쟁자를 멸종시켰다고 주장했다.

2014년 9월 펴낸 《사피엔스》에서 하라리는 인류 역사의 진로가 인지혁명, 농업혁명, 과학혁명 등 3대 혁명에 의해 형성됐다고 설명했다. 15만 년 전 동부아프리카에 살고 있던 인류 조상은 변방의 존재에 불과했다. 그러나 7만 년 전 그들은 다른 지역으로 급속히 퍼져나가 경쟁자들을 몰살하기 시작한다. 7만 년 전 시작된 인지혁명으로 마침내 인류 역사가 만들어지게 된 것이다. 하라리는 "인지혁명이란 역사가 스스로 생물학으로부터의 독립을 선언한 지점"이라고 표현했다.

1만 2,000년 전의 농업혁명은 역사의 속도를 빠르게 했고, 불과 500년 전 시작된 과학혁명은 인류는 물론 모든 생명체의 운명에 영향을 미치게 된다. 하라리는 《사피엔스》 끄트머리에서 "과학기술에 의해 호모 사피엔스가 완전히 다른 존재로 대체되는 시대가 곧 올 것"이라고 전망했다.

그는 유전공학과 사이보그 기술에 의해 현생인류를 대체할 미래인류, 곧 포스트휴먼posthuman이 등장할 날이 임박했다고 주장했다.

포스트휴먼은 '현존 인간을 근본적으로 넘어서서 현재 우리의 기준으로는 애매모호하게 사람이라 부르기 어려운 인간'이라고 풀이할 수 있다. 포스트휴먼으로는 슈퍼인간과 사이보그가 거론된다.

슈퍼인간은 유전공학의 산물이다. 2020년대가 되면 유전자 치료가 거의 모든 질병을 완치시킬 전망이다. 정자나 난자를 다루는 생식세포 치료의 경우 변화된 유전적 조성이 그 환자의 모든 자손에게 대대로 영향을 미칠 수 있으므로 질병 치료 이상의 의미를 내포한다. 생식세포에서 질병과 관련된 유전자를 제거하는 데 머물지 않고 지능, 외모, 건강을 개량하는 유전자를 보강할 수 있기 때문이다. 이를테면 맞춤아기designer baby가 생산된다. 2030년대에 설계대로 만들어진 주문형 아기가 출현하면 유전자가 보강된 슈퍼인간과 그렇지 못한 자연인간으로 사회계층이 양극화된다. 슈퍼인간은 자연인간과의 생존경쟁에서 승리해 그 자손을 퍼뜨려 결국 현생인류와 유전적으로 다른 새로운 종으로 진화될 수 있다.

미래인류의 두 번째 형태는 사이보그이다. 사이보그는 기계와 유기체의 합성물을 뜻한다. 과학기술로 몸과 마음의 기능을 개선시킨 사람들, 이를테면 인공장기를 갖거나 신경보철을 한 사람, 예방접종을 하거나 향정신성 약품을 복용한 사람은 모두 사이보그에 해당한다.

특히 신경공학에 의해 뇌 기능이 향상된 사이보그가 출현할 전망이다. 가령 뇌에 이식된 송수신장치로 한 사람의 뇌에서 다른 사람의 뇌로 직접 정보가 전달될 수 있다. 과학기술 발달로 머지않아 많은 사람이 사이보그로 변신함에 따라 사람과 기계, 곧 생물과 무생물의 경계가 급속도로 허물어진다. 사람과 기계가 한 몸에 공생하는 사이보그인간은 자연인간을 심신 양면에서 압도적으로 능가할 것이므로 포스트휴먼으로 분류된다.

하라리처럼 호모사피엔스가 슈퍼인간이나 사이보그인간에게 지구의 주인 자리를 내어놓게 될 운명이라고 주장하는 학자들은 한둘이 아니다.

(2015년 9월 2일)

초지능

미국 전기차 업체 테슬라 창업자 일론 머스크, 영국 물리학자 스티븐 호킹, 마이크로소프트 창업자 빌 게이츠.

이 세 사람은 인공지능의 미래에 대해 우려를 표명해 언론의 주목을 받았다. 2014년 10월 머스크는 "인공지능 연구는 악마를 소환하는 것과 다름없다"고 말했고, 이어서 호킹은 "인공지능은 인류의 종말을 초래할 수도 있다"고 경고했으며, 2015년 1월 빌 게이츠는 "인공지능 기술은 훗날 인류에게 위협이 될 수 있다고 본다"면서 "초지능superintelligence에 대한 우려가 어마어마하게 커질 것"이라고 말했다.

머스크는 영국 옥스퍼드대 철학교수 닉 보스트롬의 저서 《초지능》을 읽고 그런 견해를 피력한 것으로 알려졌다. 2014년 7월 영국에서 출간된 《초지능》에서 보스트롬은 "지능의 거의 모든 영역에서 뛰어난 능력을 가진 사람을 현격하게 능가하는 존재"를 초지능이라고 정의했다. 보스트롬은 기계가 초지능이 되는 방법을 두 가지 제시했다. 하나는 인공일반지능artificial general intelligence이다. 오늘날 인공지능은 전문지식 추론이나 학습능력 같은 인간 지능의 특정 기능을 기계에 부여하는 수준에 머물고 있을 따름이다. 다시 말해 인간 지능의 모든 기능을 한꺼번에 기계로 수행하는 기술, 곧 인공일반지능은 걸음마도 떼지 못한 정도의 수준이다.

2006년 인공지능이 학문으로 발족한 지 50년 되는 해에 개최된 회의(AI@50)에서 인공지능 전문가를 대상으로 2056년, 곧 인공지능 발족 100주년이 되는 해까지 인공일반지능의 실현 가능성에 대해 설문조사를 했다. 참석자의 18%는 2056년까지, 41%는 2056년이 좀 지난 뒤에 인공일반지능을 가진 기계가 실현된다고 응답했다. 결국 59%는 인공일반지능의 실현 가능성에 손을 들었고, 41%는 기계가 사람처럼 지능을 가질 수 없다고 응답한 것으로 나타났다.

그렇다면 초지능이 먼 훗날에 실현 가능성이 확실하지 않음에도 불구하고 그 위험성부터 경고한 머스크, 호킹, 게이츠의 발언은 적절하지 못한 것이라고 비판받아야 하지 않을는지. 과학을 잘 모르는 일반대중을 상대로 일부 사회 명사가 과장해서 발언한 내용을 여과 없이 보도하는 해외 언론에도 문제가 없다고 볼 수만은 없는 것 같다.

보스트롬은 기계가 초지능이 되는 두 번째 방법으로 마음 업로딩mind uploading을 제시한다. 사람의 마음을 기계 속으로 옮기는 과정을 마음 업로딩이라고 한다. 1971년 마음 업로딩이 언급된 논문을 최초로 발표한 인물은 미국 생물노화학자 조지 마틴이다. 그는 마음 업로딩을 생명 연장 기술로 제안했다. 이를 계기로 '디지털 불멸digital immortality'이라는 개념이 미래학의 화두가 됐다. 마음 업로딩은 미국 로봇공학자 한스 모라벡이 1988년 펴낸 《마음의 아이들Mind Children》에 의해 대중적 관심사로 부상했다.

모라벡의 시나리오에 따르면 사람 마음이 로봇 속으로 몽땅 이식돼 사람이 말 그대로 로봇으로 바뀌게 된다. 로봇 안에서 사람의 마음은 늙지도 죽지도 않는다. 마음이 사멸하지 않는 사람은 결국 영원한 삶을 누리게 되는 셈이다. 이런 맥락에서 인류의 정신적 유산을 모두 물려받게 되는 로봇, 곧 마음의 아이들이 지구의 주인이 될 것이라고 전망했다.

보스트롬은 《초지능》에서 기계뿐만 아니라 사람도 초지능이 될 수 있다고 주장했다. 그는 인간을 초지능 존재로 만드는 기술로 유전공학과 신경공학을 꼽았다.

유전공학으로 유전자 치료가 가능해짐에 따라 질병과 관련된 유전자를 제거하는 데 머물지 않고 지능을 개량하는 유전자를 보강할 수 있게 됐다. 또한 신경공학의 발달로 뇌 안에 가령 기억 능력을 보강하는 장치를 이식할 수 있으므로 초지능을 갖게 될 것이다.

이처럼 과학기술을 사용해 사람의 정신적·신체적 능력을 향상시킬 수 있다는 신념을 트랜스휴머니즘transhumanism이라고 한다. 21세기 후반 초지능 기계와 초지능 인간이 뒤섞이는 트랜스휴먼 사회는 어떤 모습일까. (2015년 11월 11일)

PART 3

2035 대한민국 20대 도전기술

한국 최고의 공학기술 전문가 900여 명으로 구성된 한국공학한림원은 2015년 10월 창립 20주년을 맞아 20년 후, 곧 2035년에 한국 경제를 이끌어갈 미래 도전기술 20개를 선정해 발표하였다.
한국공학한림원은 미래 도전기술을 선정하기 위해 2030년대 한국사회의 메가트렌드를 △스마트한 사회, △건강한 사회, △성장하는 사회, △안전한 사회, △지속가능한 사회 등 다섯 개로 설정하고, 이를 실현하기 위해 필요한 기반기술 20개를 도출한 것이다.

① 스마트한 사회를 실현하는 기술로는 △미래자동차 기술, △입는 기술, △데이터 솔루션 기술, △정보통신 네트워크 기술, △스마트도시 기술 등 다섯 개가 뽑혔다.
② 건강한 사회를 실현하는 기술로는 △분자진단 기술, △사이버 헬스케어 기술, △맞춤형 제약기술, △맞춤형 치료기술 등 네 개가 선정

되었다.

③ 성장하는 사회를 실현하는 기술로는 △무인항공기 기술, △포스트 실리콘 기술, △디스플레이 기술, △서비스 로봇 기술, △유기소재 기술 등 다섯 개가 뽑혔다.

④ 안전한 사회를 실현하는 기술로는 △인체인증 기술, △식량안보 기술 등 두 개가 선정되었다.

⑤ 지속가능한 사회를 실현하는 기술로는 △신재생에너지 기술, △스마트그리드 기술, △원자로기술, △온실가스 저감기술 등 네 개가 뽑혔다.

1

스마트한 사회

미래자동차 기술

자율주행 전기자동차가 몰려온다

미래의 도로는 무인자동차나 친환경자동차가 점령할지도 모른다.

무운전자동차driverless car 또는 자율주행 자동차self-driving car는 사람이 앉아 있기만 하면 스스로 최적의 경로를 알아내서 목적지까지 데려다주는 자동차이다.

무인자동차는 미국 국방부(펜타곤)가 전투용 무인병기의 일종으로 무인지상차량UGV · unmanned ground vehicle 또는 로봇자동차의 개발을 지원한 것이 바탕이 되어 상용화 단계에까지 오게 된 것이다. 펜타곤은 로봇자동차 경주 대회를 여러 차례 개최했다. 이 대회의 출전 자격은 사람의 도움을 전혀 받지 않고 스스로 상황을 판단해서 속도와 방향을 결정할 뿐만 아니라 장애물을 피해 갈 줄 아는 무인자동차에만 주어졌다.

2007년 11월 개최된 세 번째 로봇자동차 경주대회는 사람이 거리에서 차를 운전할 때와 거의 똑같은 조건에서 실시되었다. 실제 도로처럼 건물과 가로수 등 장애물이 나타나는데, 무인자동차는 다른 차들과 뒤섞여 교통신호에 따라 주행하면서 제한속도를 지키는 등 교통법규도 준수하고 잠깐 동안 주차장에도 들어가야 했다. 이 대회에서 6대의 무인자동차가 도시를 흉내 내서 만든 96㎞ 구간을 6시간 내에 완주하는 데 성공했다.

2017년부터 구글이 판매하는 최초의 민수용 무인자동차는 운전대는 물론 가속페달과 브레이크 페달도 없으며 출발 버튼만 누르면 스스로 굴러간다. 무인차의 핵심은 몇 미터의 오차범위 안에서 자동차의 현재 위치를 알려주는 GPS(위성위치확인 시스템) 수신 장치이다. 운전자의 눈 역할은 천장에 달린 레이저 센서가 맡는다. 이 센서는 쉴 새 없이 360도로 회전하면서 레이저를 발사하여 반경 200m 이내의 장애물 수백 개를 동시에 감지한다. 운전석 앞자리에 달린 방향 센서는 자동차의 정확한 주행방향과 움직임을 감지한다. 운전자의 두뇌에 해당하는 중앙 컴퓨터가 이러한 센서들이 수집한 정보를 바탕으로 브레이크를 밟을지, 속도를 줄여야 할지, 방향을 바꾸어야 할지 판단을 내린다. 범퍼에 장착된 레이더는 앞에 달리는 차량이나 장애물을 인식하여 속도를 조절하게 하므로 교통사고를 예방할 수 있으며 교통체증도 현저하게 줄어든다.

무운전자동차가 졸음운전, 과속 운전, 음주운전 문제도 해결해주는 긍정적 효과가 기대되지만 사람이 운전하는 즐거움을 자동차에 양보할 수는 없지 않으냐는 견해도 만만치 않다.

구글 무인차는 2인승으로 최고 속도는 시속 40㎞, 주행 가능 거리는 160㎞, 장애물 감지범위는 200m이다.

현대자동차를 비롯해 메르세데스벤츠 · 혼다 · 포드 · 제너럴모터스 등 세계적 자동차 업체들은 2020~2025년 상용화를 목표로 무인차를 개발하고 있다.

2020년대에는 사람이 손으로 직접 운전하지 않고 생각만으로 조종하는 자동차도 등장하게 된다. 이는 뇌-기계 인터페이스BMI · brain-machine interface 기술을 적용한 반半자율주행 자동차라고 할 수 있다. BMI는 손을 사용하지 않고 생각만으로 기계장치를 움직이는 기술이다.

2009년 1월 버락 오바마Barack Obama 대통령이 취임 직후 일독해야 할 보고서 목록에 포함된 〈2025년 세계적 추세Global Trends 2025〉에는 2020년 생각 신호로 조종되는 무인차량이 군사작전에 투입될 것으로 명시되었다. 가령 병사가 타지 않은 무인탱크를 사령부에 앉아서 생각만으로 운전할 수 있다는 것이다. 2020년께 비행기 조종사들이 손 대신 생각만으로 계기를 움직여 비행기를 조종하게 될 것이라고 전망하는 전문가들도 한둘이 아니다.

구글의 무인차는 화석연료가 아닌 전기로 가는 자동차이다. 따라서 가솔린(휘발유)엔진gasoline engine 대신 배터리와 모터가 들어 있다.

전기자동차electric car는 세 단계를 거쳐 발전하고 있다. 첫 번째 단계는 석유와 배터리를 혼용하는 하이브리드카hybrid car이다. 두 번째 단계는 전원 연결(플러그-인) 하이브리드카PHEV · plug-in hybrid electric vehicle이다. 일반가정용 콘센트에 플러그를 꽂아 충전할 수 있는 전기자동차이다. 이 분야의 간판 제품인 제너럴모터스의 셰비볼트Chevy Volt는 리튬이온lithium-ion 배터리로 65㎞를 주행하고, 그 후 가솔린엔진으로 전환하면 500㎞까지 갈 수 있다. 3단계의 전기자동차는 가솔린엔진을 아예 장착하지 않은 테슬라 로드스터Tesla Roadster이다. 미국의 전기자동차 전문 업체인 테슬라모터스가 생산하는 리튬이온 배터리 자동차이다. 리튬이온 전지는 리튬 이차전지 중에서 가장 널리 사용된다.

가솔린엔진 없이 오직 전기로만 주행하는 자동차가 도로를 점령하고 나면 새로운 경쟁자로 연료전지자동차fuel cell car가 시선을 끌게 될 것이다. 연료전지는 수소를 연료로 사용하여 산소와 반응시키고 이때 발생하는 화학에너지를 전기에너지로 바꾸는 장치이다. 이 과정에서 연료전지가 배출하는 부산물은 물밖에 없다. 연료전지자동차는 가솔린엔진 없이 수소연료만으로 움직이기 때문에 자동차의 꽁무니에서는 온실효과 기체 대신에 물방울만 뚝뚝 떨어진다. 요컨대 연료전지자동차는 이산화탄소를 배출하지 않으므로 환경오염이나 지구온난화 문제를 야기하지 않는다. 연료전지자동차는 거리의 충전소에서 휘발성과 폭발성이 강한 수소연료를 공급받아야 하기 때문에 안전 문제를 지적하는 전문가도 없지 않다. 그러나 이는 나중에 걱정해도 될 문제가 아닐는지.

상온 초전도체 자동차

땅 위에 뜬 채로 연료도 없이 달리는 자동차, 곧 자기자동차(magnetic car)를 만들 수는 없을까. 21세기 말쯤에 상온(일상적인 온도)에서 작동하는 초전도체(room temperature superconductor)가 개발되면 자기자동차가 실현될 것으로 전망된다.
수은을 절대온도 4K(영하 269도)까지 냉각시키면 모든 전기저항이 사라진다. 이러한 현상을 나타내는 물질을 초전도체라고 한다. 절대온도 0K(영하 273도)에 가까운 극저온에서는 원자들이 거의 움직이지 않기 때문에 초전도체로 만든 전선 속의 전자는 아무런 방해도 받지 않고 자유롭게 이동한다.
초전도 현상을 상온에서 나타내는 물질이 발명된다면 극저온으로 냉각하지 않아도 되기 때문에 놀라운 일들이 예상된다. 우선 상온 초전도체를 사용하면 별도의 에너지를 투입하지 않고도 초강력 자석(초자석, supermagnet)을 만들 수 있으므로 자동차나 기차를 허공에 띄울 수 있다. 상온 초전도체를 이용하는 자동차는 아스팔트 대신에 초전도체로 만든 지면 위를 달리면서 공중에 뜬 채 날아갈 수도 있다.
1984년 영국에서 개발된 최초의 자기부상(마그레프) 열차(magnetic levitating, maglev train) 역시 강력한 자석이 부착된 철로 위에 뜬 채 달릴 수 있다.

참고문헌

· 《융합하면 미래가 보인다》, 이인식, 21세기북스, 2014
· *Physics of the Future*, Michio Kaku, Doubleday, 2011 / 《미래의 물리학》, 박병철 역, 김영사, 2012

입는 기술

온몸으로 정보를 주고받는다

2035년 어느 봄날 저녁. 직장에서 녹초가 되어 돌아온 당신은 주방으로 가서 큰 소리로 무얼 먹으면 좋을지 컴퓨터에게 묻는다. 주방 벽에 내장된 컴퓨터는 지난 몇 주 동안의 기록을 바탕으로 당신이 좋아하는 몇몇 식품의 재고를 알아본 뒤 서너 종류의 요리를 제안한다. 가령 삼계탕을 주문하면 요리 소프트웨어는 재료를 골라 음식을 만든다. 그동안 당신은 거실에서 비디오 메시지가 들어왔는지 큰 소리로 알아본다. 곧 거실 저쪽 벽에 스크린wall screen이 나타난다. 메시지를 살피는 동안 부엌 컴퓨터로부터 음식이 다 되었다는 신호가 온다.

컴퓨터를 집 안의 벽 속처럼 우리 주변의 곳곳에 설치하는 기술은 말 그대로 컴퓨터가 '어디에나 퍼져 있다'는 뜻에서 유비쿼터스 컴퓨팅ubiquitous computing이라고 한다. 1988년 미국의 컴퓨터 과학자인 마크 와이저(Mark Weiser, 1952~1999)가 처음 제안한 개념인 유비쿼터스 컴퓨팅은 한마디로 컴퓨터를 눈앞에서 사라지게 하는 기술이다. 물건에 다는 태그(꼬리표)처럼 자그마한 컴퓨터가 실로 천을 짜듯이 냉장고에서 침실 벽 속까지 우리 주변의 곳곳에 내장되기 때문에 사람들은 컴퓨터를 더 이상 컴퓨터로 여기지 않게 되는 것이다. 요컨대 유비쿼터스 컴퓨팅 시대에는 컴퓨터가 도처에 존재하면서 동시에 보이지 않게 된다. 와이저는 유비쿼터스 컴퓨팅이 메인프레임, 퍼스널 컴퓨터에 이은 제3의 컴퓨터 물결이 될 것이라고 예언했다.

유비쿼터스 컴퓨팅의 가장 중요한 요소는 안경, 손목시계, 신발, 옷감 따위의 필수품을 비롯해서 커피 잔이나 돼지고기 조각에까지 장착이 가능한 컴퓨터 태그이다. 태그가 달린 물건은 모두 지능을 갖게 된다. 영리한 물건들은 스스로 생각하고 사람의 도움 없이 임무를 수행한다. 이를테면 돼지고기에 숨겨둔 컴퓨터 태그는 오븐 안에서 스스로 온도를 조절하여 고기가 알맞게 익도록 한다. 피하주사 바늘은 환자 손목에 달린 태그로부터 신원을 확인하여 알레르기가 있다면 바늘 끝을 붉게 물들여 의사에게 알린다.

유비쿼터스 컴퓨팅의 세계에서는 지능을 가진 물건과 사람 사이의 정보 교환이 무엇보다 중요하다. 대화를 하려면 물건에 내장된 컴퓨터는 사람의 말을 이해해야 하며 사람은 컴퓨터가 내장된 옷을 입어야 한다. 입는 컴퓨터wearable computer가 필요한 것이다.

유비쿼터스 컴퓨팅과 입는 컴퓨터가 융합된 기술은 입는 기술wearable technology 또는 패션 기술fashionable technology이라 불린다. 입는 기술에 의해 성능이 향상된 의류나 각종 액세서리는 입는 장치wearable device라고 한다.

사람이 착용한 안경, 손목시계, 허리띠 장식, 옷 단추, 운동화 따위의 입는 장치에 내장된 컴퓨터들은 주변 환경에 설치된 컴퓨터와는 무선으로 정보를 교환하고, 자기들끼리는 인체에 형성되는 통신망인 인체 네트워크HAN · human area network 또는 보디넷bodynet을 통해 정보를 주고받는다.

보디넷을 갖춘 사람들은 피부를 마치 전선처럼 사용하여 피부 접촉만으로도 의사소통이 가능하다. 두 사람이 악수하면 한 사람의 몸에서 보디넷을 통해 다른 사람의 손으로 정보가 건네지므로 서로 간의 직장, 전화번호, 취미, 출신 학교 등에 관한 정보를 즉시 교환할 수 있다. 보디넷의 전원은 신발 뒤축에 넣는 발전기로 해결하거나 사람이 걸을 때 몸에서 발생하는 에너지로 충당한다.

2004년 미국의 마이크로소프트는 몸에 부착한 다수의 센서를 인체 네트워크로 연결하는 기술에 대한 특허를 획득했다. 이 기술로 가령 귀고리 안에 넣어둔 혈압 측정 장치를 휴대용 컴퓨터와 연결하면 실시간으로 건강 상태를 확인할 수 있다고 주장했다. 그러나 제품 개발로 이어지지는 않았다. 왜냐하면 사람의 피부 위로 약한 전류를 흐르게 하는 방법이 쉽지 않기 때문이다. 게다가 발가락을 움직이거나 땀을 한 방울 흘릴 경우에도 인체 네트워크가 교란될 수 있다.

그런데 일본 기술진들은 이런 문제를 해결한 것으로 알려졌다. 2004년 마쓰시타 전기는 세계 최초로 '인체 통신Human Body Communication'이라고 명명된 기술을 실용화했다고 발표했다. 손목에 부착하는 성냥갑 크기의 장치로서 착용자가 다른 통신기기에 손을 대면 초당 3,700비트의 속도로 데이터 전송이 가능하다. 마쓰시타 전기는 첫 번째로 활용될 분야는 슈퍼마켓의 바코드 시스템이라고 밝혔다. 이 장치를 착용한 종업원이 상품에 손만 대면 금액이 금방 계산될 것이라고 주장했다.

2005년 2월 일본전신전화NTT 역시 세계 인체 네트워크 시장을 선점하기 위하여 레드택턴RedTacton이라는 장치를 선보였다. 레드택턴은 손, 발, 얼굴 등 인체의 모든 피부를 정보 전송 통로로 사용하는 인체 네트워크 기술이다. 레드택턴 카드의 크기는 휴대전화에 끼워 넣을 정도이다. 따라서 레드택턴 카드가 삽입된 휴대전화를 가진 사람들끼리 악수를 하면 피부를 통해 각종 정보를 초당 10메가비트의 속도로 교환할 수 있다.

한국전자통신연구원의 인체 통신기술도 세계적 수준인 것으로 평가된다.

인체 네트워크 기술의 발달로 한 번의 악수가 인사 이상의 의미를 지니는 세상이 온 것이다.

입는 기술 시대에는 몸 전체로 보고 듣고 느끼고 생각하고 말하면서 살아가게 될 것 같다.

끼워 넣는 기술

미국의 컴퓨터 전문가인 도널드 노먼(Donald Norman)은 1998년에 펴낸 《보이지 않는 컴퓨터The Invisible Computer》에서 유비쿼터스 컴퓨팅 시대에는 정보가전(information appliance)이 개인용 컴퓨터 대신 활용될 것이라고 주장했다.

가전(appliance)이 세탁기처럼 특정 기능을 수행하기 위해 제작된 장치라면 정보가전은 특수한 정보처리 작업을 위해 설계된 컴퓨터이다. 개인용 컴퓨터의 여러 기능을 특수 형태의 여러 컴퓨터에 각각 분산시킨 것이 정보가전이다.

정보가전은 가령 가정에서 가족의 건강 정보를 제공하는 시스템, 벽에 걸린 날씨 정보 디스플레이 장치, 집 안 살림 상태를 점검해주는 휴대용 정보기기처럼 우리가 일상생활에서 해결해야 하는 문제를 처리해준다.

노먼은 "정보가전은 꼭 우리의 눈에 보일 필요는 없다"면서 "집, 사무실, 학교의 벽, 자동차, 가구 등 우리 생활에 필요한 것들 속에 내장되어(embedded) 있을 수 있다"고 설명한다. 그러므로 정보가전은 궁극적으로 안경이나 시계처럼 몸에 부착되므로 입는 장치가 될 뿐만 아니라 인공심장 판막이나 페이스메이커(pacemaker)처럼 몸 안에 이식될 수도 있다. 요컨대 노먼은 정보가전의 개념을 통해 입는 기술이 결국 끼워 넣는 기술(embeddable technology)로 발전할 것임을 주장한 셈이다.

참고문헌

· *The Invisible Computer*, Donald Norman, MIT Press, 1998 / 《보이지 않는 컴퓨터》, 김희철 역, 울력, 2006
· *Fashionable Technology*, Sabine Seymour, Springer, 2009
· Beyond Wearables, Stylus, 2014년 8월 27일

데이터 솔루션 기술

빅 데이터로 더 좋은 사회를 설계한다

2008년 미국 대통령 선거에서 버락 오바마 민주당 대통령 후보는 유권자 데이터를 분석한 뒤 유권자 맞춤형 선거 전략을 수립하여 승리했다.

2014 브라질 월드컵에서 독일 국가대표팀은 한 번도 지지 않고 우승을 차지했다. 선수들에게 센서를 부착하여 운동량이나 심장박동 등 방대한 비정형 데이터를 수집한 뒤 선수별로 맞춤형 훈련을 시키고 전술을 수립한 것으로 알려졌다.

두 사례는 빅 데이터big data 활용의 효과를 여실히 보여준다.

통상적으로 사용되는 데이터베이스 관리 도구로는 수집 · 저장 · 관리 · 분석할 수 없는 대량의 정형 또는 비정형 데이터 집합을 빅 데이터라고 한다. 빅 데이터를 수집 · 저장 · 관리 · 분석하는 데 관련된 기술은 데이터 솔루션data solution이라고 불린다.

2012년 12월 미국 국가정보위원회NIC가 펴낸 〈2030년 세계적 추세Global Trends 2030〉는 세계시장 판도를 바꿀 13대 게임 체인저game changer 기술의 하나로 데이터 솔루션을 선정했다. 2013년 1월 집권 2기를 시작하는 버락 오바마 대통령이 취임 직후 일독해야 할 보고서 목록 중에 포함된 〈2030년 세계적 추세〉는 데이터 솔루션 기술이 발달함에 따라 "정부는 빅 데이터를 활용하여 정책을 수립하게 되고, 기업은 시장과 고객에 관한 대규모 정보를 융합하여 경영 활동에 결정적인 자료를 뽑아내게 된다"고 언급했다.

데이터 솔루션 기술에서는 무엇보다 빅 데이터를 수집하는 작업이 중요하다. 20세기 산업사회에서 개인은 거대한 조직의 톱니에 불과했지만 21세기 디지털 사회에서는 개인 사이의 상호작용이 사회현상에 막대한 영향을 미친다. 우리는 날마다 디지털 공간에서 남들과 상호작용하면서 우리가 생각하는 것보다 훨씬 더 많은 흔적을 남긴다. 미국 매사추세츠공과대학MIT 인간역동성연구소Human Dynamics Laboratory를 이끄는 알렉스 펜틀런드Alex Pentland는 우리의 일상생활을 나타내는 이런 기록을 '디지털 빵가루digital bread crumb'라고 명명했다. 펜틀런드는 개인이 누구와 휴대전화로 의견을 교환하고, 신용카드로 돈을 얼마나 지출하며, 인터넷에서 무엇을 검색하는지 낱낱이 알 수 있는 디지털 빵가루 수십억 개를 뭉뚱그린 빅 데이터를 활용하면, 인간의 행동을 예측할 수 있다는 결론에 도달한다. 다시 말해 휴대전화, 신용카드, 인터넷으로부터 수집한 엄청난 데이터의 활용 가능성에 주목한 것이다. 이처럼 디지털 빵가루를 가지고 인간 행동의 패턴을 분석하는 작업은 현실 마이닝reality mining이라고 명명되었다. 2008년 《MIT 테크놀로지 리뷰Technology Review》 3 · 4월호는 현실 마이닝을 '세상을 바꿀 10가지 혁신 기술'의 하나로 선정했다.

인간의 행동을 예측하려면 세상 어디에나 존재하는 디지털 데이터뿐만 아니라 디지털 세상이 아닌 현실세계의 데이터도 수집하지 않으면 안 된다. 이러한 데이터는 사람이 착용 가능한 센서에 의해 획득할 수 있다. 2000년대 초에 MIT 인간역동성연구소는 신분증 하나로 사람의 행동과 음성을 모두 감지할 수 있는 센서를 개발했다. 이른바 소시오미터sociometer라 불리는 센서 중에서 가장 기능이 개선된 것은 소시오메트릭 배지sociometric badge이다. 25센트짜리 동전 다섯 개만 한 정도로 작고 가벼운 소시오메트릭 배지에는 마이크로폰, 적외선 송수신기, 가속도계 등 기존의 모든 센서가 통합되어 있으며 충전 없이 일주일 노동시간인 주 40시간 연속으로 데이터 저장이 가능하다. 소시오메트릭 배지는 회사 신분증처럼 출입문을 여는 용도 이외에도 집단 구성원의 말투, 몸짓, 대화의 빈도와 같은 사회적 행동 데이터를 수집하는 데 활용된다. 따라서 배지에 저장된 5분 정도의 데이터만 가지고도 가령 그 사람의 대인 관계나 협상능력까지 예측 가능하다. 펜틀런드는 2008년에 펴낸 저서인 《정직한 신호Honest Signals》에 소시오미터 실험 자료를 상세히 소개하였다.

현실 마이닝 기법과 소시오미터 기술로 디지털 세계와 현실세계의 데이터를 함께 분석하면 인간 행동을 정확하게 예측하여 가령 기업에서는 직원들의 창의력과 생산성을 높이고 행복한 일터로 만드는 방안을 찾아낼 수 있으며, 소비자에게는 특정 제품을 선호하게 만들어 매출을 신장시킬 수도 있다.

이런 맥락에서 2014년 1월 펜틀런드는 《사회물리학Social Physics》을 펴내고, 빅 데이터 속에 담겨 있는 인간의 아이디어와 경험을 분석하여 사회문제에 접근하는 연구를 사회물리학이라고 정의했다. 그는 빅 데이터가 "오늘보다 나은 미래의 조직 · 도시 · 정부를 설계하는 데 쓸모가 있는 것으로 나타났다"고 주장하면서 "빅 데이터는 인터넷이 초래한 변화와 맞먹는 결과를 이끌어낼 것임에 틀림없다"고 역설한다.

펜틀런드가 《사회물리학》에서 상상하는 것처럼 빅 데이터로 "금융 파산을 예측하여 피해를 최소화하고, 전염병을 탐지해서 예방하고, 창의성이 사회에 충일하도록 할 수 있다면" 얼마나 반가운 일이겠는가.

〈2030년 세계적 추세〉는 데이터 솔루션 기술이 악용될 경우, "선진국에서는 개인 정보가 보호받기 어렵게 되고, 개발도상국가에서는 정치적 반대 세력을 탄압하는 수단이 될 수 있다"고 덧붙였다.

사회물리학

미국의 빅 데이터 전문가인 알렉스 펜틀런드는 《사회물리학》에서 다음과 같이 사회물리학의 개념을 제시하였다.

• 사회물리학은, 한편으로는 정보와 아이디어 사이의 수학적 연결, 다른 한편으로는 사람들의 행동에 관한 신뢰할 만한 설명을 제시하는 정량적 사회과학을

말한다.

- 전통적인 물리학의 목표가 에너지 흐름이 어떻게 운동 변화로 이어지는지를 이해하는 학문이듯이, 사회물리학은 아이디어 흐름(idea flow)이 어떻게 행동 변화로 이어지는지를 이해하고자 하는 학문이다.

펜틀런드는 "사회물리학을 돌아가게 만드는 원동력은 바로 빅 데이터이다"라고 강조하고, 빅 데이터를 기반으로 다음과 같이 데이터 주도 사회(data-driven society)의 문제를 해결할 수 있다고 주장한다.
"시장, 계층, 정당과 같은 집단 너머를 바라보는 사회 시스템을 창조하고, 아이디어 교환의 세부적인 양상을 분석함으로써, 사회물리학은 시장 붕괴, 민족적·종교적 폭력 사태, 정치적 난국, 만연한 부패, 권력 집중이라는 위험 요소들을 효과적으로 해결해나가는 사회를 건설하기 위한 방안을 제시한다."
한편 펜틀런드는 "성공적인 데이터 주도 사회는 사람들의 개인 정보가 악용되지 않도록 안전하게 보호해야 하며, 정부가 세부적인 데이터에 대한 접근을 통해 얻은 권력을 함부로 휘두르지 않도록 제어해야 한다"고 강조한다.

참고문헌

· *Social Physics*, Alex Pentland, Penguin Press, 2014 / 《빅 데이터와 사회물리학》, 박세연 역, 와이즈베리, 2015
· *People Analytics*, Ben Waber, FT Press, 2013 / 《구글은 빅 데이터를 어떻게 활용했는가》, 배충효 역, 북카라반, 2015

정보통신 네트워크 기술

만물인터넷과 마음인터넷으로 초연결사회가 다가온다

2015년 9월 삼성전자는 독일 베를린에서 열린 국제 가전전시회에서 슬립센스SLEEPsense를 공개했다. 이 제품은 어른 손바닥만 한 크기에 두께는 1㎝ 정도의 원반형 센서이다. 스마트폰에서 전용 앱(응용 프로그램)을 내려 받아 슬립센스에 설치하고 실행한 뒤에, 인터넷 기능이 내장된 에어컨 · TV · 조명 등 가전제품과 무선으로 연결(블루투스 방식)한 다음에 침대 매트리스 밑에 놔두기만 하면 슬립센스는 사용자가 침대에 드러누운 즉시 작동을 시작해서 먼저 에어컨 · TV · 조명의 전원을 끄고 잠든 동안에는 맥박 · 호흡 · 몸 뒤척임 등 몸 상태를 측정한다.

SK텔레콤이 개발한 스마트팜Smart Farm은 멀리 떨어져 있는 농장을 스마트폰으로 관리하는 서비스이다. 먼저 농장에 온도 센서, 조도 센서, 이산화탄소 센서, 동작감시 센서를 설치한다. 센서가 모은 정보는 이동통신망을 통해 농장 주인의 스마트폰으로 전달된다. 농장 주인은 원격조작으로 물이나 농약을 뿌리고, 비닐하우스 덮개를 여닫을 수도 있다.

슬립센스와 스마트팜은 사물인터넷IoT · Internet of Things 또는 만물인터넷IoE · Internet of Everything 시장을 공략하기 위한 제품들이다.

사물인터넷 또는 만물인터넷은 일상생활의 모든 사물을 인터넷 또는 이와 유사한 네트워크로 연결해서 인지, 감시, 제어하는 정보통신망이다. 만물인터넷에 연결되는 사물에는 일상생활에서 사용하는 전자장치뿐만 아니라 식품, 의류, 신발, 장신구 따위의 모든 물건이 포함된다. 이를테면 이 세상에 존재하는 물건은 무엇이든지 만물인터넷에 연결되기 때문에 두 가지 방식으로 정보가 교환된다. 하나는 사물과 사물 사이의 통신이다. 사람의 개입 없이 물건과 물건끼리 정보를 교환하면서 주어진 역할을 수행한다. 다른 하나는 사람과 사물 사이의 통신이다. 사람과 물건은 상호작용하면서 사물은 그 상태를 지속적으로 사람에게 보고하고 사람은 그 사물을 감시 및 제어한다. 이런 맥락에서 미래창조과학부의 관료, 일부 언론인과 정보통신 전문가들이 애용하는 '사물인터넷'은 사람이 제외된 느낌이어서 아쉽다. 인간을 만물의 영장이라고 부르기 때문에 '만물인터넷'으로 통일해서 불러야 바람직할 것 같다.

2030년대에는 만물인터넷이 완벽하게 구축되어 이 세상의 거의 모든 것이 네트워크로 연결되는 초연결사회hyper-connected society로 거듭난다. 초연결사회는 거의 모든 사물이 자기를 스스로 인식하고 상호작용하는 세상, 사람의 모든 움직임이 낱낱이 추적되고 기록되는 세상,

그래서 우리를 둘러싼 거의 모든 것이 살아 있는 세상이다.

만물인터넷의 핵심 요소는 물건에 태그(꼬리표)처럼 부착되는 센서이다. 센서는 온도 · 습도 · 압력 · 진동 · 냄새 · 소리 따위의 온갖 정보를 감지한다. 만물인터넷에는 우리 눈에 잘 보이지 않을 만큼 작은 센서와 컴퓨터가 어디에나 퍼져 있기 때문에 유비쿼터스 컴퓨팅ubiquitous computing이 구현된 것으로 간주된다.

만물인터넷에서는 물건에 달린 센서와 사람 사이의 정보 교환이 무엇보다 중요하기 때문에 입는 컴퓨터wearable computer와 입는 센서wearable sensor의 착용이 필수적으로 요구된다. 이를테면 사람은 입는 센서에 의해 일종의 초감각적 지각ESP · extrasensory perception 능력을 갖게 되는 것이다. 초감각적 지각은 텔레파시telepathy처럼 사람이 오감을 사용하지 않고 정보를 얻는 능력이다. 이처럼 입는 센서가 사람의 감각 능력을 보강해주기 때문에 감각보철sensory prosthesis을 한 것으로 여겨질 수 있다. 이런 의미에서 캐나다의 사회과학자인 마셜 맥루언(Marshall McLuhan, 1911~1980)이 1964년에 펴낸《미디어의 이해Understanding Media》에서 전자 미디어가 인간의 감각과 신경을 확장시킨다고 설파한 대목을 떠올리게 된다. 그렇다. 초연결사회에서 만물인터넷은 인류의 신경계를 무한대로 확장시키고 있으니까.

만물인터넷은 개인부터 국가까지 각 경제주체에 엄청난 파급효과를 미친다. 특히 유통 및 물류 분야에 혁명적 변화를 초래한다. 또한 여러 곳에 분산된 물건으로부터 정보를 수집하므로 범죄나 테러를 예방할 수도 있다. 그러나 테러리스트가 물건 속에 악성 소프트웨어를 은닉하여 퍼뜨리면 경제 활동이나 사회 안정이 교란될 가능성도 배제하기 어렵다.

한편 2030년대에는 사람의 뇌를 서로 연결하여 말을 하지 않고도 생각만으로 소통하는 기술, 뇌-뇌 인터페이스BBI · brain-brain interface가 실현을 앞두고 있을 것으로 전망된다. 미국의 신경과학자인 미겔 니코렐리스Miguel Nicolelis는 2011년에 펴낸 《경계를 넘어서Beyond Boundaries》에서 20년 뒤쯤, 그러니까 2030년대에 BBI 기술이 실현되면 인류는 궁극적으로 몸에 의해 뇌에 부과된 '경계를 넘어서는' 세계에 살게 될 것이며, 결국 사람의 뇌를 몸으로부터 자유롭게 하는 놀라운 순간이 찾아올 것이라고 주장했다. 그리고 뇌가 몸으로부터 완전히 해방된 사람의 뇌끼리 서로 연결되는 네트워크를 뇌네트brain-net라고 명명하고, 인류 전체가 집단적으로 마음이 융합되는 세상이 올 것이라고 상상했다.

미국의 물리학자인 미치오 카쿠Michio Kaku는 2014년에 펴낸 《마음의 미래The Future of the Mind》에서 뇌네트를 '마음인터넷Internet of the mind'이라 부를 것을 제안했다. 뇌-뇌 인터페이스 기술이 쌍방향 소통 수단으로 실현되어 초연결사회의 인류가 마음인터넷으로 생각과 감정을 텔레파시처럼 실시간으로 교환하게 되면 정녕 전화는 물론 언어도 쓸모없어지는 세상이 오고야 말 것인지.

뇌-뇌 인터페이스 실험

2013년 뇌-뇌 인터페이스의 실현 가능성을 보여준 실험 결과가 세 차례 발표되었다.

첫 번째 실험 결과는 미국 듀크대학의 신경과학자인 미겔 니코렐리스가 동물의 뇌 사이에 BBI를 최초로 실현한 것이다. 듀크대학의 쥐와 브라질에 있는 쥐 사이에 인터넷을 통해 뇌를 연결하고 신호를 전달하는 실험에 성공했다.

두 번째 실험 결과는 미국 하버드대학 의대의 유승식 교수가 동물의 뇌와 사람의 뇌 사이에 BBI를 실현한 것이다. 사람의 뇌파를 초음파로 바꾸어 무선으로 공기를 통해 쥐의 뇌에 전송하여 약 2초 뒤에 쥐꼬리를 움직이게 하는 실험에 성공했다.

세 번째 실험 결과는 미국 워싱턴대학의 컴퓨터과학 교수인 라제시 라오(Rajesh Rao)와 심리학 교수인 안드레아 스토코(Andrea Stocco)가 사람과 사람의 뇌 사이에 BBI를 실현한 것이다. 라오는 뇌파를 포착하는 두건을 쓰고 스토코는 경두개자기자극(TMS · transcranial magnetic stimulation) 헬멧을 착용했다. 인터넷으로 연결된 두 사람은 비디오게임을 했다. 라오는 비디오게임의 화면을 보면서 손을 사용하지 않고 단지 조작할 생각만 하는 역할을 맡았다. 이때 라오의 뇌파는 컴퓨터에 의해 분석되어 인터넷을 통해 스토코의 머리로 전송되었다. 스토코 머리의 TMS 헬멧은 라오가 보낸 뇌 신호에 따라 신경세포를 자극했다. 라오가 게임을 조작하려고 생각했던 그대로 스토코의 손이 움직여 키보드를 누르려 했다. 물론 스토코는 자신의 손이 움직이는 것을 사전에 알아차리지 못했다. 이 실험은 스토코의 생각이 라오에게 전달되는 쌍방향 BBI 수준은 아니지만 사람 사이의 뇌끼리 정보를 전달할 수 있음을 처음으로 입증한 역사적 사건이라 아니할 수 없다.

참고문헌

· "Extra Sensory Perception", Gershon Dublon, Scientific American(2014년 7월호), 22~27
· *The Great Fragmentation*, Steve Sammartino, John Wiley & Sons, 2014 / 《위대한 해체》, 김정은 역, 인사이트앤뷰, 2015
· *Beyond Boundaries*, Miguel Nicolelis, Times Books, 2011 / 《뇌의 미래》, 김성훈 역, 김

영사, 2012
· *The Future of the Mind*, Michio Kaku, Doubleday, 2014 / 《마음의 미래》, 박병철 역, 김영사, 2015

스마트도시 기술

도시의 거의
모든 문제를
정보통신 기술로
해결한다

오늘날 세계 인구의 절반 이상이 도시에 살고 있으며 갈수록 그 비율이 증가할 것으로 예측된다. 2030년에는 세계 인구의 60%, 2050년에는 75%가 도시에 거주하게 될 전망이다. 1,000만 명 이상이 사는 메가시티megacity만 해도 30여 개나 되고, 이 중에서 서울을 포함한 11개 도시는 아시아에 분포되어 있다. 아시아에서는 중국과 인도의 경제 발전으로 다른 대륙에 비해 도시화가 급속도로 진행되고 있는 실정이다.

전 세계적으로 나타나고 있는 과잉도시화over-urbanization 현상으로 각종 사회 및 환경 문제가 발생하고 있다. 도시로 많은 인구가 급속도로 유입됨에 따라 실업률이 높아지고 범죄율이 급증하는 사회적 문제뿐만이 아니라, 자원이 낭비되고 온실가스가 배출되는 환경문제도 야기되고 있다. 도시 사람이 소비하는 자원은 세계 인구 전체 소비량의 80% 이상이며, 지구 표면적의 2~3%에 불과한 도시 지역에서 뿜어내는 이산화탄소는 지구 전체 온실가스 배출량의 80% 정도를 차지한다.

도시화에 따른 문제를 해결하여 시민의 경제적 생산성과 삶의 질을 극대화함과 아울러 자원 소비와 환경오염을 극소화하는 접근방법으로 스마트도시smart city 기술이 대두되었다.

스마트도시는 디지털도시digital city, 정보도시information city, 유비쿼터스 도시ubiquitous city, 지능도시intelligent city, 지식기반도시knowledge-based city, 전자공동체electronic community, 사이버도시cyberville 등 다양한 명칭으로 불리지만 한 가지 핵심 개념을 공유하고 있다. 이러한 용어들을 관통하는 공통분모는 정보통신 기술ICT · information and communication technology 이다. 요컨대 스마트 도시 기술은 정보통신 기술을 활용하여 도시를 좀 더 살기 좋은 곳으로 만들려는 접근방법이라고 할 수 있다.

스마트도시는 용어가 다양한 것처럼 그 정의 역시 다양하다. 영국의 도시 전문가인 마크 디킨Mark Deakin이 2012년 6월에 펴낸 소책자인 《지능도시에서 스마트도시로From Intelligent to Smart City》에 따르면 스마트도시 기술은 다양한 정보통신 기술을 사용하여 도시의 거버넌스(협치, governance), 에너지, 교통, 건물, 상하수도, 폐기물, 보건, 안전, 재난 등의 관리를 효율화하는 융합기술이다. 이를테면 스마트도시에서 전기, 수돗물, 교통 상황을 감시하는 각종 센서는 감각기관, 만물인터넷 같은 정보통신 네트워크는 신경계 역할을 하는 셈이고, 이러한 정보를 바탕으로 도시의 제반 상황을 실시간으로 파악하는 뇌 역할은 이른바 도시 계기반city dashboard이 맡는다.

스마트도시로 거듭난 대표적인 도시로는 암스테르담, 바르셀로나,

스톡홀름, 산타크루즈가 손꼽힌다. 네덜란드의 수도인 암스테르담은 2009년부터 교통체증 해소, 에너지 절감, 시민 안전 확충을 목표로 79개 스마트도시 프로젝트에 착수했다. 가령 스마트그리드smart grid 프로젝트의 경우, 가정에 스마트계량기smart meter를 설치해서 전력 소비 정보를 실시간으로 점검하여 에너지를 절감하고, 사용하지 않는 가전제품이나 조명의 전원이 저절로 꺼지게 하는 스마트플러그smart plug를 널리 보급해서 에너지를 효율적으로 사용한다. 가정에는 소규모 풍력 발전기나 태양열발전기를 설치해서 쓰고 남는 전기를 전력회사에 판매하게끔 하므로 암스테르담 시민은 전기의 프로슈머prosumer가 되기도 한다.

스마트도시 기술의 사용자는 물론 스마트폰으로 도시의 각종 시설에 접속하여 다양한 서비스를 향유하는 스마트시민smart citizen이다. 스마트시민의 지적 능력과 창의성이 스마트도시 기술의 성공에 결정적인 영향을 미치는 소프트웨어라고 할 수 있다. 이런 맥락에서 미국의 경제 칼럼니스트인 리처드 플로리다Richard Florida가 2002년에 펴낸《창조계급의 부상The Rise of the Creative Class》을 떠올리게 된다. 플로리다에 따르면 창조계급은 '도시를 중심으로 경제적 · 사회적 · 문화적 역동성을 창조하는 전문적 · 과학적 · 예술적 노동자 집단'이다. 스마트시민은 다름 아닌 창조계급인 것이다.

스마트도시의 시민이 창조계급의 역할을 제대로 수행하면 그 도시는 창조도시creative city가 된다. 영국의 문화전문가인 찰스 랜드리Charles Landry가 2000년에 펴낸《창조도시》에서 처음 제안한 개념에 따르면,

창조도시는 '다양한 종류의 문화적 활동이 도시의 경제적 및 사회적 기능의 필수적 요소가 되는 도시'를 뜻한다. 유네스코UNESCO가 선정하는 창조도시 71개 명단(2015년 9월 현재)에 우리나라는 2010년 이천(도자기)과 서울(디자인), 2012년 전주(음식), 2014년 광주(미디어 예술)와 부산(영화) 등 5개 도시가 올라 있다.

스마트도시 기술은 시장 규모가 만만치 않아 21세기 블록버스터blockbuster 산업의 하나로 여겨진다. 2013년 영국의 도시 설계회사인 애럽Arup이 발표한 자료에 따르면 세계 스마트도시 기술 시장은 2020년까지 해마다 4,000억 달러가 될 것으로 전망된다.

한편 2012년 미국 국가정보위원회NIC가 펴낸 〈2030년 세계적 추세Global Trends 2030〉는 스마트도시 기술을 2030년 세계시장 판도를 바꿀 13대 게임 체인저game changer 기술의 하나로 선정했다. 이 보고서에 따르면 2030년까지 20년 동안 전 세계적으로 35조 달러가 스마트도시 기술에 투입될 전망이다. 특히 신도시를 건설하는 아프리카와 남미 등의 개발도상국가에서 대규모 투자가 예상된다.

정보통신 기술과 건설 분야에서 세계적 경쟁력을 갖춘 우리나라 기술자들이 2030년대에 개발도상국 신도시의 스마트도시 기술 시장을 선점하게 될는지 궁금하다.

창조도시

영국의 문화전문가인 찰스 랜드리는 2000년에 펴낸 《창조도시》에서 창조도시는 네 가지 의미를 지닌 것으로 여겨진다고 주장했다.

① 창조도시는 '예술과 문화의 하부구조'이다. 창조도시는 탄탄한 문화적 하부구조 위에 세워졌다고 할 수 있다.
② 창조도시는 '창조경제(creative economy)와 창조산업(creative industry)'이다. 창조도시의 핵심에는 문화예술 유산, 오락산업, 창조서비스가 존재하며 광고와 디자인이 창조도시의 혁신을 이끌어내는 원동력 역할을 한다.
③ 창조도시는 '창조계급'과 동의어이다. 창조도시의 한 가지 결정적인 자원은 다름 아닌 사람이다. 창조적인 사람이 창조시대를 주도할 것이기 때문이다.
④ 창조도시는 '창의성의 문화를 육성하는 장소'이다. 이런 맥락에서 창조도시는 창조경제나 창조계급보다 광범위한 개념이라 할 수 있다.

랜드리의 주장에 따르면 창조도시는 건물이나 도로와 같은 하드웨어뿐만 아니라 창의적인 사람들로 형성된 소프트웨어를 하부구조로 갖춘, 창조경제의 중심이다.
2004년 유네스코는 '유네스코 창조도시 네트워크'를 구축했다. 이 네트워크의 목적은 창조도시들이 창조산업을 통해 지역사회 발전을 성취한 노하우, 경험, 실행 전략을 서로 공유할 수 있게끔 전 세계적으로 문화적 집단을 형성하는 데 있다. 유네스코 창조도시 네트워크에 선정된 도시는 문학, 영화, 음악, 공예 및 민중예술, 디자인, 미디어 예술, 요리법(gastronomy) 등 일곱 개 주제 중에서 한 분야를 선택해서 집중적인 노력을 투입하는 것으로 알려졌다.

참고문헌

· 《융합하면 미래가 보인다》, 이인식, 21세기북스, 2014
· *The Creative City*, Charles Landry, Earthscan, 2000
· *The Rise of the Creative Class*, Richard Florida, Basic Books, 2002

2

건강한 사회

분자진단 기술

분자의학과 나노의학으로 조기 진단한다

생명공학의 발전은 의학 분야에도 혁명적인 변화를 몰고 왔다. 모든 생명의 기본 단위인 디옥시리보핵산DNA 분자의 비밀이 밝혀짐에 따라 분자 수준에서 질병을 진단하고 치료하는 분자의학molecular medicine이 출현했다. 특히 유전과 병원균에 의한 질병을 모두 정확히 진단하는 분자진단molecular diagnostics이 의료기술의 혁명을 일으키고 있다. 분자진단의 핵심기술인 유전자 서열 분석DNA sequencing의 비용이 저렴해짐에 따라 환자의 유전자를 검사하여 질병 진단에 소요되는 시간을 단축하고 신속히 치료할 수 있게 된 것이다.

분자진단에 사용되는 대표적인 장치는 바이오칩biochip이다. 바이오칩은 생체 물질을 분석하고 관련된 반응을 제어하는 생화학적 칩이다. 바이오칩에는 디엔에이칩DNA chip, DNA microarray, 단백질칩protein chip, protein microarray, 랩온어칩lab-on-a-chip 등이 포함된다.

DNA 분자의 구조는 두 개의 긴 사슬이 나선 모양으로 얽혀 있다. 두 사슬은 서로 손을 맞잡은 염기의 결합으로 연결된다. 염기는 특정 상대와만 결합하여 쌍을 이룬다. 가령 한 사슬의 아데닌과 다른 사슬의 티민 [A-T], 구아닌과 시토신 [G-C]는 결합하지만, [A-G]나 [T-C] 같은 결합은 생기지 않는다. 이와 같이 염기가 상보적으로 결합하기 때문에 한쪽 사슬의 염기배열이 결정되면 자동적으로 다른 쪽 사슬의 염기배열이 결정된다. 예컨대 한 사슬의 염기배열이 ATCG라면 다른 사슬은 TAGC이다.

DNA칩은 염기배열의 상보성을 응용하는 장치이다. 컴퓨터의 칩(집적회로를 붙인 반도체 조각)을 만들 때와 비슷한 공정으로 제조된다. 컴퓨터 칩에는 전자소자가 집적되지만 DNA칩에는 유전자가 들어 있다는 것이 다를 뿐이다. DNA칩에는 특정 유전자의 한쪽 DNA 사슬이 부착되어 있다. 대개 사슬 안에는 그 유전자 특유의 짧은 조각이 들어 있다.

DNA칩을 사용하려면 먼저 혈액에서 DNA 견본을 추출하여 두 사슬을 분리시킨 다음에 한 사슬을 작은 조각으로 절단한다. 작은 조각들은 각각 형광물질로 표시한다. 이러한 DNA 조각을 DNA칩 위로 보낸다. DNA 조각의 염기배열이 칩 위의 염기들과 상보적으로 결합하면 두 가닥이 형성된다. 두 가닥의 결합 강도는 형광물질로 표시된다. 컴퓨터로 칩 표면에서 반짝이는 형광물질의 위치를 읽어내서 DNA 분자의 구성요소를 판독하게 된다. 요컨대 한 방울의 피에서 추출한 DNA로 그 사람의 유전정보 전체를 알아낼 수 있다,

1996년에 미국 회사인 애피메트릭스Affymetrix가 첫선을 보인 엄지손

톱 크기만 한 DNA칩은 한 번에 5만 개의 유전자를 분석할 수 있다. 2000년에는 유전자 40만 개로 성능이 향상되었다. DNA칩으로 누구나 몇 살에 어떤 병에 걸리게 될지를 미리 알 수 있게 되므로 질병의 조기 진단은 물론 예방도 가능해진다. 반도체칩이 컴퓨터 산업에 혁명을 일으킨 것처럼 DNA칩이 질병 예방에 혁명적 변화를 몰고 올 것임에 틀림없다.

DNA칩으로는 유전자를 분석하지만 단백질칩으로는 단백질을 분석한다. 1983년에 처음 개념이 소개된 단백질칩은 특정 단백질과 반응하는 여러 종류의 단백질을 고체 표면에 나열한 뒤에 이들과 반응하는 생체분자를 분석하는 장치이다. 따라서 단백질칩은 질병의 조기 진단을 유전자 수준에서 단백질 수준으로 확대한 기술이라 할 수 있다. 미국의 생물학자인 리로이 후드Leroy Hood가 2008년에 개발한 단백질칩은 한 방울의 피에서 10분 만에 질병과 관련된 특정 단백질을 검출한다. 단백질칩의 성능이 개선되면 수천 가지의 단백질을 신속히 검출하여 암 따위 난치병의 조기 진단이 가능할 것으로 전망된다.

가장 난이도가 높은 바이오칩 기술인 랩온어칩은 '칩 위의 실험실'로 불리는 엄지손가락만 한 크기의 장치로서 질병 진단에 필요한 여러 분석 장비를 하나의 칩 안에 넣어둔 것이다. 극소량의 혈액이나 조직을 반응시키면 단시간에 질병 유무를 판독할 수 있다. 의사들은 랩온어칩 하나를 들고 환자의 집으로 왕진을 다닐 수도 있다.

분자진단에는 바이오칩과 함께 바이오센서biosensor의 비중이 갈수록 커진다. 바이오센서는 특정한 생체 물질이나 분자가 있는지 없는

지, 또는 얼마나 많이 있는지 알려주는 센서이다. 분자 수준, 곧 나노미터 크기에서 물질을 검출하는 나노바이오센서를 사용하면 분자진단이 가능할 수 있다. 환자의 몸 안에 투입되어 건강 상태를 점검하는 나노바이오센서도 분자진단에 크게 도움이 될 전망이다.

나노기술nanotechnology과 의학이 융합한 의료기술인 나노의학nanomedicine도 분자 수준에서 질병을 진단한다.

예컨대 미국 과학자들은 2004년에 암으로 여겨지는 세포들만 빛을 내도록 하는 방법을 개발했다. 먼저 빛을 내는 나노미터 크기의 발광 표지marker를 만들고, 이 표지 표면에 암세포만 달라붙는 찍찍이 같은 분자를 붙였다. 따라서 발광 표지를 몸속에 주사하면 암세포에만 부착하여 빛을 내기 때문에 암이 발생한 위치를 알아낼 수 있는 것이다. 발광 표지로 개발된 것은 양자점quantum dot이다. 양자점은 반도체 물질로 만든 일종의 나노입자nanoparticle이다. 몇백 개의 원자만으로 이루어진 양자점은 크기에 따라 여러 종류의 빛을 방출하는 특성을 갖고 있다. 양자점이 포함된 알약을 한 개만 삼켜도 유방이나 전립선에서 종양으로 바뀌기 시작한 세포들이 촛불처럼 깜박거리는 것을 보고 종양을 일찌감치 제거할 수 있는 날이 다가오고 있다.

분자의학과 나노의학의 발달로 신속한 진단과 치료가 가능해짐에 따라 진단과 치료를 일괄 처리하는 이른바 진단치료학theranostics이 2030년대 질병관리 기술의 핵심 요소가 된다.

나노바이오센서

분자 수준에서 물질을 검출하는 나노 규모의 바이오센서, 곧 나노바이오센서는 응용 범위가 무궁무진하다.

나노바이오센서는 식료품 포장재에 사용되어 음식이 부패했는지 금방 알아낼 수 있다. 독가스 따위의 화학물질이 누출되는지 탐지하는 장치에 사용되면 생물학적 테러의 대응 수단으로 안성맞춤이다. 공항에서 승객들이 옷을 벗지 않아도 폭발물을 숨기고 있는지 확실히 판별할 수 있는 장치에도 사용된다. 의약품이나 화학제품의 독성 검사에도 활용될 수 있다.

나노바이오센서를 이용하는 질병 탐지 시스템으로는 당뇨병이나 탄저병 같은 질병을 신속히 발견할 수 있다. 사람의 몸 안에 투입되어 환자의 건강을 돌보는 나노바이오센서도 개발된다. 가령 당뇨병은 포도당이 많이 섞인 오줌, 곧 당뇨가 오랫동안 지속되는 성인병이다. 당뇨병은 당을 분해하는 인슐린을 제대로 만들지 못해 혈당(혈액에 포함된 포도당) 조절이 어려운 상태이다. 핏속의 포도당 농도가 너무 높으면 생명이 위험할 수 있다. 따라서 당뇨병 환자에게 혈중 포도당 농도를 측정하는 일이 매우 중요하다. 이러한 포도당 검출 임무를 나노바이오센서에게 맡길 수도 있다. 몸 안의 나노바이오센서가 혈당량을 계속 감시하다가 일정 수치를 넘어서게 되면 펌프를 통해 인슐린을 투입하여 생명을 지킬 수 있는 것이다.

참고문헌

- 《나노기술의 모든 것》, 이인식, 고즈윈, 2009
- 《미래를 들려주는 생물공학 이야기》, 유영제 · 박태현 외, 생각의나무, 2006
- *The Dance of Molecules*, Ted Sargent, Viking Canada, 2006 / 《춤추는 분자들이 펼치는 나노기술의 세계》, 차민철 역, 허원미디어, 2008
- Global Trends 2030: Alternative Worlds, National Intelligence Council(NIC), 2012년 12월

사이버 헬스케어 기술

사이버 공간에서 실시간으로 건강관리한다

2035년 어느 겨울날 아침. 며칠째 소화가 잘되지 않아 기분이 울적한 당신은 거실 벽에 설치된 스크린wall screen을 향해 주치의의 이름을 부른다. 벽 스크린에 나타난 주치의는 당신에게 몇 가지 간단한 질문을 던지고 나서 소화제를 처방해주며 큰 병이 아니므로 걱정하지 말라는 말까지 덧붙인다.

미래에는 환자가 병원으로 가지 않고도 벽 스크린을 통해 의사와 상담하게 된다. 더욱이 스크린에 나타난 주치의는 사람처럼 보이지만, 당신에게 몇 가지 질문을 던지게끔 프로그램된 영상일 뿐이다. 이른바 가상의사는 환자의 유전자 정보를 완전히 파악하고 있으므로 질병의 진단과 처방을 할 수 있다.

이처럼 환자가 의사를 직접 만나지 않고도 원격진료를 받게 된 것은 가상현실virtual reality 기술이 발달한 덕분이다.

벽 스크린처럼 컴퓨터가 창출한 3차원 환경을 현실세계로 착각하여 경험하는 것을 가상현실이라고 한다. 가상현실 기술은 사람과 컴퓨터 사이의 3차원 인터페이스라고 할 수 있다. 가상현실 말고도 인공현실, 가상환경, 가상세계, 사이버스페이스(사이버공간) 등 각종 용어가 같은 의미로 함께 사용되고 있다.

특히 사이버스페이스는 정보통신 기술의 발달에 따라 그 의미가 변화를 거듭한다. 처음에는 '컴퓨터로 매개된 통신기술에 의해 형성되는 가상공간'을 의미했으나 오늘날 인터넷과 동의어로도 곧잘 사용되고 있다.

가상현실, 곧 사이버공간으로 들어가기 위해서는 인터넷안경Internet glasses과 같은 특수 장치가 필요하다. 인터넷안경을 쓰고 눈만 한두 번 깜빡이면 곧바로 인터넷에 연결된다. 인터넷안경은 입체 시각 능력을 부여하므로 착용자는 컴퓨터 화면의 2차원 이미지를 현실세계의 3차원 대상인 것처럼 착각하게 된다.

우리가 가상의 현실임을 알면서도 진짜인 것처럼 느낄 수 있으려면 사람의 다섯 가지 감각, 곧 시각 · 청각 · 후각 · 미각 · 촉각 등 오감을 그대로 재현하는 기술이 무엇보다 중요하다. 오감인식 기술 중에서 시각과 청각 기술은 크게 발전한 반면 촉각 기술은 뒤늦게 개발되었다.

사이버공간에서 사람의 촉각 능력을 그대로 재현하는 기술을 연구하는 분야는 햅틱haptics이다. 촉각을 재현하는 기술은 햅틱 기술, 촉각을 전달하는 장치는 햅틱 인터페이스라고 한다.

햅틱 장갑을 손에 끼고 가상현실 속으로 들어가서 컴퓨터에 나타난

이미지의 모서리에 손을 대면 촉감을 느낄 수 있을 뿐만 아니라, 그 이미지를 움직이려 할 때 그 이미지로 표현된 실제 대상의 질감 때문에 손끝에 와 닿는 물리적 힘이 실제처럼 사용자에게 지각된다.

예컨대 사이버공간에 영상으로 나타난 환자에게 원격수술을 집도하는 의사는 햅틱 기술 덕분에 자신의 손으로 직접 환자를 다루는 듯한 촉감을 느낄 수 있다.

인간의 오감을 제대로 재현하는 실감 인터페이스가 개발되면 우리는 사이버공간에서 원하는 것은 무엇이든지 간접 체험할 수 있을 뿐만 아니라 원격교육, 원격화상회의, 원격진료, 원격수술이 실현되어 가상세계와 실제세계의 구별이 어려워지는 세상이 된다.

2035년에 이처럼 가상현실이 진짜처럼 완벽하게 구현됨에 따라 벽에 설치된 스크린을 통해 의사와 상담하게 될 뿐만 아니라 누구나 필요할 때마다 자신의 건강 상태를 점검할 수 있다.

가령 만물인터넷에 연결된 화장실 변기에는 대형병원이나 보유하고 있던 고성능 센서가 내장되어 있어 사용자의 모든 배설물을 분석한다. 이 변기는 가족 한 명 한 명의 유전자 정보가 입력되어 있으므로 배설물 분석 결과를 토대로 생명에 위협이 될 수 있는 잠재적 질병을 파악해서 경고를 한다. 화장실은 마치 병원 진료실처럼 증세가 나타나기 전에 위험신호를 내는 것이다. 변기가 조기에 암을 발견해주는 고마운 존재가 될 수도 있다. 변두리 산업으로 여겨지던 변기 제조업이 만물인터넷 덕분에 갑자기 의료산업의 핵심 분야로 부상하게 되는 셈이다.

사람이 별로 다니지 않는 곳에서 혼자 교통사고를 당하면 의식을 잃은 운전자는 피를 많이 흘려 목숨을 잃기 쉽다. 그러나 2035년에는 만물인터넷에 연결된 운전자의 옷이 생명을 구해준다. 먼저 운전자의 옷은 구급차를 부른다. 이어서 옷에 달려 있는 센서가 운전자의 심장 박동, 혈압, 호흡 상태를 점검하고 병원에 이를 알린다. 물론 사고 지점, 상처의 부위와 정도, 운전자의 과거 병력에 관한 자료도 함께 병원으로 전송된다. 미국의 미래학자인 미치오 카쿠Michio Kaku는 2011년 펴낸 《미래의 물리학Physics of the Future》에서 "옷을 입고 있는 한 당신은 온라인 상태에 있을 수밖에 없다"면서 "미래에는 혼자 조용하게 죽기가 쉽지 않을 것 같다"고 털어놓는다.

2035년 우리가 즐겨 입는 옷에도 DNA칩이 달려 있어서 아직 수백 개에 불과한 암세포까지 찾아낼 수 있다. 한 사람의 옷에 장착된 센서의 수도 요즘 대형병원에서 보유하고 있는 센서의 수보다 많을 것이다.

미치오 카쿠의 예측처럼 사이버공간에서 헬스케어(건강관리, health care)가 일상화되면 우리는 자신도 모르는 사이에 건강 상태를 하루에도 몇 번씩 점검하며 무병장수하게 될지도 모른다.

헬스케어 산업

2014년 국내의 혈액진단 기업이 피 한 방울로 30초 만에 말라리아 감염을 진단할 수 있는 기기를 개발했다. 이 제품은 미국 하버드대학 의대의 협력으로 2016년까지 아프리카 가나 지역에 10만 대가 공급된다. 세계보건기구(WHO)에 따르면 전 세계 말라리아 사망자 약 58만 명의 90%가 가나와 같은 남부 아프리카 지역에 거주한 것으로 나타났다.

사람의 몸에서 유래한 혈액, 소변, 조직으로 질병을 진단하거나 생리학적 상태를 검사하는 시약, 소모품, 분석기기를 통틀어 체외진단(IVD · in vitro diagnostics)이라고 한다. 가정에서 직접 혈액이나 혈당을 측정하는 기기가 대표적인 체외진단 장치이다.

체외진단은 헬스케어 산업(healthcare industry)의 핵심 분야이다. 사람의 건강을 돌보는 주체와 서비스, 가령 병원, 제약, 의료기기, 건강보험처럼 질병의 예방과 치료를 위해 상품과 서비스를 제공하는 사회경제 분야를 헬스케어 산업이라고 일컫는다.

헬스케어 산업은 고령화의 추세에 따라 늘어나는 의료비용의 부담을 줄이기 위해 일상적인 건강관리의 중요성이 부각되면서 21세기에 전 세계적으로 가장 빠르게 성장하는 산업으로 손꼽히고 있다.

헬스케어 기술은 정보통신 기술, 특히 입는(웨어러블) 장치, 빅 데이터, 가상현실, 만물인터넷 기술과 융합하여 다양한 건강관리 상품과 서비스를 창출하고 있다.

참고문헌

- 《KIST 과학기술 전망 2014》, 금동화 외, 한국과학기술연구원, 2014
- *The Great Fragmentation*, Steve Sammartino, John Wiley & Sons, 2014 / 《위대한 해체》, 김정은 역, 인사이트앤뷰, 2015
- *Physics of the Future*, Michio Kaku, Doubleday, 2011 / 《미래의 물리학》, 박병철 역, 김영사, 2012

맞춤형 제약기술

세계 신약시장에서 경쟁력을 확보한다

세계시장에서 우리나라가 가장 취약한 분야의 하나가 제약산업이다. 그러나 2030년대에는 국내 기업이 개발한 신약이 대박을 터뜨릴 가능성이 매우 높을 것으로 예측된다.

박근혜 정부에서 만든 〈국가중점과학기술 전략로드맵〉에 따르면 우리나라 제약회사들이 개인 맞춤형 신약으로 세계시장에서 승산이 없지 않은 것으로 나타났다. 2014년 4월에 국가과학기술심의회에 상정된 이 전략로드맵은 사회 · 문화적, 기술적, 생태 · 환경적, 경제적 측면에서 각각 환경변화를 분석하고 국내 연구진과 기업이 세계 맞춤형 신약 시장에서 경쟁력을 갖추는 전략을 제시하였다.

첫째(사회 · 문화적 변화), 2030년에 65세 이상의 인구가 15~20%에 이르는 초고령사회로 진입하여 건강 장수시대, 곧 헬스케어(건강관리) 3.0 시대로 진입한다. 헬스케어 1.0 시대에는 전염병의 예방과 확산 방지에 주력하고 헬스케어 2.0 시대는 질병 치료 위주였다면 헬스케어 3.0 시대에는 질병 예방을 통해 건강한 삶을 추구하게 되므로 분자진단 기술이나 맞춤형 치료기술과 함께 맞춤형 신약에 대한 수요가 갈수록 증가한다. 노령인구 비율이 높아짐에 따라 과거의 감염성 질환보다는 당뇨병 · 고혈압 · 심장질환 따위의 만성퇴행성 질환이 많아질 것이므로 노인성 만성질환에 대한 새로운 헬스케어 환경과 함께 맞춤형 신약에 대한 요구도 지속적으로 확대될 전망이다.

둘째(기술적 변화), 인간게놈(유전체) 프로젝트HGP · Human Genome Project에 의해 유전자 치료gene therapy가 실현되면서 환자 개개인의 유전적 특성을 고려하여 치료하는 맞춤의학personalized medicine 시대가 개막되고 유전자에 기반을 둔 맞춤형 신약이 개발된다. 개인 맞춤형 신약은 스니프(단염기 다형성, SNP · single nucleotide polymorphism)와 같은 유전자에 기초하여 개발된 치료제가 주종을 이룬다. DNA에서 발견되는 단일 염기배열의 차이, 곧 스니프 때문에 사람마다 얼굴 생김새나 쉽게 걸리는 질병이 다른 것이다. 이를테면 모든 사람에게 유전자 염기배열이 99.9%는 동일하지만 나머지 0.1%가 달라서 이 미세한 차이가 사람마다 유전병이나 특정 질환에 다르게 반응하는 특성을 결정짓는 요인이 된다. 다시 말해 스니프의 정체가 밝혀지면 개인의 체질에 적합한 맞춤형 치료기술과 맞춤형 신약을 선택할 수 있는 것이다.

셋째(생태 · 환경적 변화), 기존 표준치료제SoC · standard of care는 불특정 다수의 환자를 대상으로 개발된 약물이기 때문에 많은 종류의 질환에서 치료효과가 낮을 수밖에 없다. 표준치료제의 90% 이상은 30~50%의 환자에게만 효과적이다. 게다가 표준치료제는 약물 부작용의 발생 빈도가 7%나 되어서 의료비용의 추가 지출이 불가피한 실정이다. 이러한 상황에서 특정 환자집단을 겨냥하는 개인 맞춤형 신약에 대한 수요가 발생하게 된다.

넷째(경제적 변화), 21세기 들어 세계적 제약회사들이 신약 개발 사업의 획기적인 방향 전환을 모색하고 있다. 막대한 투자를 해서 개발한 블록버스터blockbuster 약품이 크게 성공을 거두지 못하고 있기 때문이다. 블록버스터 약품은 연매출 10억 달러 이상을 목표로 개발된 것으로 폭넓은 환자집단과 다양한 질환을 겨냥한다. 최근 항암제 중심의 표적치료제targeted therapy나 '버림받은 아이들의 약품orphan drug'이라 불리는 희귀질환 약물처럼 틈새(적소[適所], niche)를 노리는 니치버스터niche-buster약품이 시장에서 성공하는 사례가 나타남에 따라 신약 개발의 새로운 대안으로 관심을 끌게 되었다. 표적항암제나 희귀의약품처럼 특정 환자집단만을 대상으로 하는 니치버스터 약물이 표준치료제 중심의 블록버스터 약물 못지않게 사업성이 높은 것으로 여겨지고 있는 것이다.

〈국가중점과학기술 전략로드맵〉은 이러한 제약 분야의 환경변화를 분석하여 맞춤형 신약 개발의 전략을 수립하였다. 맞춤형 신약을 '개개인 환자의 유전적·병리생리적·임상적 특성을 고려하여 치료효과 극대화 및 부작용 최소화가 가능한 치료제를 개발하는 기술'이라고 정의하고, 개인 맞춤형 신약은 세계적으로 기반연구 단계이므로 우리나라 같은 후발주자도 추격 가능한 분야라고 강조하였다. 맞춤형 신약 분야의 선두주자인 미국도 일부 표적항암제를 개발하는 수준에 그치고 있어 상용화의 초기 단계이므로 국내 연구진과 기업이 핵심기술을 선정하여 국제 경쟁력을 서둘러 구축해줄 것을 주문하고 있다.

건강한 삶을 추구하는 헬스케어 3.0 시대에 유망주로 떠오르는 니치버스터 약품의 하나로 천연물신약이 주목받고 있다. 천연물신약이 합성신약보다 부작용이 적게 나타나 경쟁력이 높기 때문이다. 한국과학기술연구원이 2014년 4월에 펴낸 《KIST 과학기술 전망 2014》에 따르면, 유망한 천연물 의약품으로는 노화억제제, 항암면역강화 제제, 비만방지 제제, 성인병 예방 및 개선 제제, 건강유지 향상 제제, 퇴행성 뇌질환 예방 및 개선 제제 등이 손꼽힌다.

천연물신약 개발은 미국, 유럽, 중국 등에서 활발하게 이루어지고 있는데, 우리나라 기술 수준은 특히 임상 분야에서 뒤처지는 것으로 알려졌다. 《KIST 과학기술 전망 2014》는 "국내 제약기업이 한의학 정보를 바탕으로 천연물신약 개발에 성공하고 해외시장에 진출하려면 다양한 분야의 기반을 조성하는 일이 시급하다"고 강조하였다.

세계시장에서 괄목할 만한 존재감을 드러내길 바라는 우리나라 제약업계가 2030년대에는 세계시장 점유율 1위의 니치버스터 약품을 서너 개 내놓을 것으로 믿어 의심치 않는다.

천연물신약

2005년 4월 정부의 허가를 받은 동아제약의 스티렌정은 쑥 추출물을 이용하여 개발된 위염 치료제이다. 스티렌은 개발비가 200억 원 투입되었지만 누적 매출액이 3,158억 원(2013년 10월 현재)이나 되어 개발비보다 15배 넘는 매출 실적을 올림에 따라 천연물신약 개발의 촉매 역할을 하게 된다. 정부 지원을 받아 개발된 합성신약이 대부분 개발비도 회수하지 못하는 상황에서 스티렌의 성공에 자극을 받아 국내 제약회사들이 천연물신약에 관심을 가질 법도 했다.

《KIST 과학기술 전망 2014》에 따르면, 국내 제약회사들이 천연물신약 개발에 적극적인 이유로는 "한약이나 생약과 관련된 문헌을 토대로 기본적인 임상과 독성 기록을 활용할 수 있어 신약 후보를 선정하고 정보를 수집하는 비임상 이전까지의 기간을 단축할 수 있는 장점"을 들 수 있다.

물론 국내 기업은 세계적 제약회사에 비해 규모가 작고 세계시장의 천연물신약 허가 경험이 부족한 약점이 있다.

하지만 노령화 추세로 인한 만성질환의 증가로 노인성 질환을 치료하는 천연물신약에 대한 수요가 빠르게 증가하고 있기 때문에 천연물신약 시장은 국내 제약회사에게도 기회 요인이 충분한 것으로 여겨진다. 《KIST 과학기술 전망 2014》는 "특히 오랜 한의학의 유산은 국내 기업들의 성장 동력으로 작용할 것"임을 강조한다.

참고문헌

- 〈국가중점과학기술 전략로드맵〉, 미래창조과학부, 2014
- 《KIST 과학기술 전망 2014》, 금동화 외, 한국과학기술연구원, 2014
- *The Personalized Medicine Revolution*, Pieter Cullis, Greystone Books, 2015

맞춤형 치료기술

유전자 치료와 줄기세포 치료로 불치병 고친다

2003년 인간게놈(유전체) 프로젝트가 완료된 이후 30여 년이 지난 뒤인 2035년경에는 아마도 개인용 유전자 지도 작성 비용이 혈액검사 비용과 엇비슷한 수준까지 내려감에 따라 누구나 자신의 유전자 지도를 갖게 될 전망이다.

인간게놈 프로젝트는 유전자의 본체인 디옥시리보핵산DNA을 구성하는 화학구조(염기쌍)를 분석하여 유전자 지도를 완성하는 작업이다. 사람 세포의 DNA는 30억 개의 염기쌍을 가지고 있으며, 이 염기쌍이 배열되어 있는 순서를 알아내는 것이 인간게놈 프로젝트의 목적이다. 이러한 염기서열이 인간이 갖고 있는 유전정보이기 때문이다. 요컨대 염기서열 분석기술sequencing의 발달로 개인용 유전자 지도 작성이 용이해짐에 따라 유전체의학genomic medicine 시대가 열리게 되는 것이다.

유전체의학의 핵심은 유전자 치료gene therapy이다. 유전자 지도를 통해 각종 생명현상을 이해할 수 있으므로 질병과 노화가 일어나는 이유도 알게 된다. 유전자의 이상 유무를 사전에 검사하여 개인이 어떤 유전성 질환에 걸릴 위험이 있는지도 미리 알아낼 수 있다. 유전자 검사로 개인이 지닌 질병 유발 유전자를 확인하여 정상적인 유전자로 교체하는 의료기술을 유전자 치료라고 한다.

유전자 치료로 먼저 낭포성 섬유증, 헌팅턴병, 혈우병처럼 단일 유전자의 결함으로 유발되는 질병이 퇴치되고 이어서 고혈압, 심장병, 당뇨병 등 환경적 영향이 유전적 요소와 결합된 질병이 완치된다.

유전자 치료에는 체세포 치료somatic gene therapy와 생식세포 치료germ-line gene therapy 두 종류가 있다. 유전자 치료의 결과로 변환된 유전적 조성이, 체세포 치료의 경우에는 환자 한 사람에게만 영향을 미치는 반면에 정자 또는 난자를 다루는 생식세포 치료의 경우에는 그 환자의 모든 자손에게 대대로 영향을 미친다.

유전자 치료는 의료기술 이상의 의미를 함축하고 있다. 우리가 질병을 치유하는 유전자를 제공하는 능력을 가졌다는 것은 우리가 치료 이외의 목적에도 유전자를 제공하는 능력을 갖게 되었다는 뜻이기 때문이다. 말하자면 정상적인 사람의 형질을 개량하기 위해 유전적 조성을 바꿀 수 있게 되는 것이다. 따라서 생식세포 유전자 치료에 함축된 윤리적 문제가 만만치 않다. 생식세포에서 질병과 관련된 유전자를 제거하는 데 머물지 않고 지능 · 외모 · 건강을 개량하는 유전자를 보강할 수 있기 때문이다. 뛰어난 머리, 준수한 외모, 예술적 재능 등 누구나 바라는 형질의 유전자로 설계된 맞춤아기designer baby가 생산될 수 있다. 2030년대에 설계대로 만들어진 주문형 아기가 출현하면 유전자가 보강된 슈퍼인간superhuman과 그렇지 못한 자연인간으로 사회계층이 양극화된다. 슈퍼인간은 자연인간과의 생존경쟁에서 승리해 그 자손을 퍼뜨려 결국 현생인류와 유전적으로 다른 새로운 종, 곧 포스트휴먼posthuman으로 진화한다.

당뇨병, 심장병, 파킨슨병, 알츠하이머 따위의 난치병은 줄기세포stem cell를 이용해서 치료할 수 있다. 좀 더 정확히 말하자면 줄기세포 기술로 치료할 수 없는 질병은 거의 없을 정도이다.

생물의 수정란에서 개체로 발생하는 과정에서 세포는 각자의 역할을 자각하여 그 안에서 합당한 구조를 갖도록 변화해간다. 이러한 과정을 세포분화cell differentiation라고 한다. 이를테면 눈이나 심장을 구성하는 세포는 완전히 분화된 세포이다. 그러나 분화의 초기 단계에 멈추어 있는 세포가 항상 존재한다. 이들을 일러 줄기세포라고 한다. 말하자면 줄기세포는 뇌, 뼈, 근육, 피부, 혈액 등 모든 신체기관과 장기로 분화될 수 있는 만능세포이다.

줄기세포는 크게 배아줄기세포ESC · embryonic stem cell와 성체줄기세포adult stem cell로 나뉜다. 인체를 구성하는 210여 가지의 세포로 분화할 수 있는 배아줄기세포는 수정란이 만들어진 순간부터 처음 두 달 동안의 생명체, 곧 배아에서 얻어지는 줄기세포이다. 인체의 모든 세포는 배아줄기세포로부터 유래된 것이므로 배아줄기세포가 다양한 세포로 분화하는 능력을 임의로 조절할 수 있다면 얼마든지 원하는 세포나 조직을 만들어낼 수 있기 때문에 난치병 치료와 환자 맞춤형 장기 생산에 획기적인 전기가 될 것이다.

한편 성체줄기세포는 골수, 제대혈(탯줄혈액), 근육, 지방 등에서 추출하는 줄기세포이다. 성체줄기세포는 신경세포, 혈구세포, 면역세포 등으로 분화되는 것이 확인되었지만 배아줄기세포처럼 다양한 세포를 만들어내지는 못한다. 그러나 배아줄기세포에 비해 생명윤리 측면에서 보다 자유롭다는 장점을 갖고 있다. 2014년 4월 차병원의 연구진이 성인의 체세포를 복제하여 줄기세포를 만드는 데 세계 최초로 성공했다.

2012년 노벨상을 받은 일본의 야마나카 신야 교수가 개발한 역분화逆分化 줄기세포 또는 유도만능 줄기세포iPSC · induced pluripotent stem cell는 분화가 이미 끝난 체세포에 특정 유전자 몇 개를 도입해 분화 이전의 줄기세포 단계로 유도된 줄기세포이다. 환자 체세포를 떼어내 이를 줄기세포로 되돌린 뒤에 이 줄기세포를 원하는 방향으로 다시 분화를 유도하면 환자 맞춤형 세포 · 조직 · 장기를 얻을 수 있으므로 불치병 치료에 청신호가 켜질 전망이다.

나노입자 치료

열 개에서 수천 개 정도의 원자로 구성된 물질, 곧 나노입자(nanoparticle)는 크기가 워낙 작아서 다른 입자들이 접근할 수 없는 인체 부위에도 쉽게 도달하기 때문에 질환 치료에 크게 활용된다. 대부분의 세포들은 수천 나노미터 크기이므로 이보다 훨씬 크기가 작은 나노입자는 세포벽을 뚫고 들어가 세포 안의 목표 지점까지 갈 수 있다.

나노입자에 치료제를 담아서 몸속에 주입하면 혈관을 타고 암세포를 찾아가서 정확하게 공략한다. 보통 항암제는 정상세포와 암세포를 구별하는 능력이 거의 없기 때문에 정상세포도 파괴하여 갖가지 부작용을 야기한다. 하지만 나노입자는 아군과 적군이 뒤섞여 있는 전쟁터에서 적군만 골라 죽이는 폭탄과 진배없기 때문에 화학요법의 부작용을 해소할 수 있는 것이다.

또한 나노입자는 혈뇌장벽(BBB · blood-brain barrier)도 뚫고 지나갈 수 있다. 혈뇌장벽은 유해한 물질로부터 뇌를 보호하는 장벽으로 대부분 모세혈관이 밀집해 있다. 혈뇌장벽 모세혈관의 세포들은 거의 간격 없이 빽빽하게 붙어 있어서 유해한 물질이 뚫고 들어가기가 쉽지 않다. 그러나 나노입자를 사용하면 혈뇌장벽을 통과해서 치료제를 뇌 안의 특정 부위에 운반할 수 있다.

이처럼 나노입자는 신체의 모든 부위에 접근할 수 있으므로 우리 몸 안에서 항상 순찰을 돌면서 우리도 모르는 사이에 유해물질을 파괴하게 될 것임에 틀림없다.

참고문헌

· 《나노기술의 모든 것》, 이인식, 고즈윈, 2009
· *Physics of the Future*, Michio Kaku, Doubleday, 2011 / 《미래의 물리학》, 박병철 역, 김영사, 2012

3

성장하는 사회

무인항공기 기술

드론이 생활방식을 확 바꾸어놓는다

2035년 우리나라의 무인항공기UAV · unmanned aerial vehicle 기술 수준이 미국과 이스라엘에 버금가게 발전될 것으로 전망된다. 2015년 우리나라는 세계 7위 정도의 기술을 확보하고 있으나 무인항공기의 핵심인 정보통신 기술이 세계 최고 수준이기 때문에 그런 전망이 가능한 것이다.

무인항공기는 사람이 탑승하는 유인항공기와 달리 모형비행기처럼 지상에서 조종사에 의해 무선으로 원격 제어되는 항공기이다. 무인항공기는 초창기에 '원격조종 운송기'라는 뜻의 RPVremotely piloted vehicle 라고 불렸으며 훗날 '장난감 비행기 같다'는 의미의 드론drone으로 더 많이 알려져 있다.

무인항공기는 군사용으로 처음 개발됐으나 민수용으로 활용 범위가 확대되고 있다. 군사용의 경우 1차 세계대전 이후 대공포와 공중전

훈련을 위한 표적기標的機로 주로 사용되었지만, 2차 세계대전 이후부터 정찰, 공격, 기만 등 다양한 군사훈련에 투입되었다.

RPV는 베트남 전쟁(1956~1975), 레바논전쟁(1982~1985), 1991년 걸프전쟁에서 그 효용성이 입증됨과 아울러 경제적 측면에서도 유리했기 때문에 미래전의 주역으로 각광을 받게 되었다. 예컨대 베트남 전쟁에서 미국 공군은 600대 이상의 항공기와 600명 이상의 조종사를 잃었다. F-4 팬텀기 한 대가 당시 약 80억 원이고, 조종사 한 명 양성 비용은 약 2억 5,000만 원이었다. 그러나 RPV 한 대는 8,000만~3억 원에 불과했다. 따라서 미국 정부는 무인항공기 개발에 막대한 예산을 투입하게 된 것이다.

미국의 대표적인 무인항공기는 프레데터Predater, 글로벌 호크Global Hawk, 리퍼Reaper와 같은 대형 항공기이다. 중거리 중저 고도용인 프레데터는 정찰 및 감시용으로 설계되었지만 2001년 10월 미국이 9 · 11 테러의 배후로 지목한 알카에다를 응징하기 위해 아프가니스탄을 공격할 때 프레데터에 미사일을 탑재하여 탈레반 군을 폭격함에 따라 무인전투기UCAV · unmanned combat aerial vehicle 시대가 열리게 되었다.

오늘날 적어도 50여 개 국가에서 무인항공기가 개발되고, 70여 개 나라에서 운용하고 있는 것으로 추정된다. 이 중에서 미국, 영국, 독일, 러시아, 스웨덴, 중국, 이란, 이스라엘 등은 무인항공기를 자력으로 개발하고 있다. 북한도 무인항공기를 실전 배치한 것으로 알려졌다.

우리나라는 무인항공기 개발에 막대한 투자를 한 지 오래이다. 국방과학연구소와 한국항공우주산업이 개발한 최초의 국산 무인정찰기인

송골매(RQ-101) 수십 대가 2002년부터 육군의 군단급 부대에 실전 배치되었다. 송골매가 국내에서 군용으로 개발된 유일한 무인기이지만, 육군과 해병대의 대대급 및 사단급 무인기도 개발되고 있다. 또한 스텔스 무인전투기도 머지않아 개발될 전망이다. 이러한 군용 무인기 개발로 15~20년 후에는 자주국방에 기여하는 무인기 전력을 보유함은 물론 2035년 전후에 우리 고유의 모델로 세계 무인항공기 시장을 선도하는 선진국 대열에 합류할 것으로 예상할 수 있다.

한편 무인항공기는 민수용으로도 활용 범위가 확대일로에 있다. 국내에서 제작된 무인헬리콥터, 특히 프로펠러가 네 개 이상 달린 멀티콥터multicopter가 농약 살포 같은 무인 방제, 철책이나 해안선의 감시 및 정찰, 산불 감시, 우범 지역 감시, 고정밀 항공 촬영 같은 임무를 수행하고 있다. 해외의 경우 2007년 11월 에어로존데Aerosonde가 허리케인에 접근해 기상 자료를 실시간으로 전송하여 태풍 연구에 크게 기여했다. 1992년 호주가 개발한 에어로존데는 날개 길이 3m, 무게 15kg으로 최대 7,000km까지 3~5일간 비행이 가능한 무인항공기이다. 2010년 아이티 대지진이 일어났을 때 드론이 고립된 주민의 대피로를 확보하는 데 결정적인 역할을 했다. 2011년 동일본 대지진 때는 방사능 누출로 사람의 접근이 불가능한 상황에서 드론으로 피해 규모를 파악할 수 있었기 때문에 신속한 대응이 가능했다.

2013년 12월 미국의 인터넷 서점인 아마존은 물류센터 반경 16km 이내의 고객에게 트럭이 아닌 드론으로 최대 2.3kg의 물건을 30분 내에 배송하는 프로젝트를 추진할 계획이라고 발표했다. 이처럼 상업용 드론은 주문과 거의 동시에 물건을 받아보는 택배 시대를 개막하고, 물류 측면에서 궁극적으로는 모든 개인 주택이 드론의 공항 역할도 하게 된다.

2014년 3월 페이스북은 드론을 하늘에 띄워 인터넷을 경험하지 못하는 세계 인구 10%에게 무선으로 인터넷 서비스를 제공하는 구상을 발표했다. 아프리카 오지나 히말라야 산골의 하늘에 주파수 중계 장치가 탑재된 드론을 띄워 인터넷을 연결한다는 것이다. 2015년 7월 완성된 이 드론은 태양광 에너지로 최장 3개월간 비행할 수 있다.

무인항공기는 전쟁터에서 사람을 무자비하게 살상하는 한편으로 인간 생활의 거의 모든 분야에서 효율을 높이는 혁신 수단이 되고 있다. 요컨대 드론의 활용 가능성은 무궁무진하고 그 시장은 예상을 불허할 정도로 급성장하는 추세이다.

우리나라는 무인항공기 기술의 핵심인 정보통신과 정밀기계 분야에서 세계적인 수준이므로 2035년 국제 시장에서 유리한 위치를 선점할 것임에 틀림없다.

무인전투기

전투조종사를 완전히 대체하기 위해 개발되는 무인전투기는 전쟁 초기에 방공망이나 공군기지를 파괴하는 작전을 수행한다. 미국 해군의 X-47B가 선두주자이다. 스텔스 능력이 뛰어난 X-47B 해군용 무인전투기는 2013년 7월 항공모함

착륙에 성공하여 무인항공기 역사에 새로운 이정표를 세웠다.

이스라엘, 중국, 영국도 무인전투기를 보유하고 있다. 1994년 첫 비행에 성공한 이스라엘의 헤론(Heron)은 성능이 뛰어나서 인도, 터키, 프랑스 등 10여 개 국가에 수출되고 있다. 길이가 8.5m인 헤론은 10.5km 상공에서 52시간 비행할 수 있으며 미사일 공격도 가능하다. 중국 최초의 스텔스 전투 드론인 리젠(Lijian)은 '예리한 칼'을 뜻하는데, 2013년 11월 처녀비행에 성공했다. 이를 계기로 중국은 세계에서 스텔스 무인기 비행에 성공한 네 번째 나라가 되었다. 리젠은 항공모함에 탑재된다. 영국의 스텔스 무인기인 타라니스(Taranis)는 2013년 8월 호주의 사막지대에서 첫 시험비행에 성공했다. 길이가 12m인 타라니스 개발에 2006년부터 8년간 3억 달러 이상 투입되었다.

미국 브루킹스연구소의 군사전문가인 피터 싱어(Peter Singer)는 2009년에 펴낸 《로봇과 전쟁Wired for War》에서 무인병기의 역할이 커짐에 따라 "전투 장소가 땅과 하늘에서 실내 공간으로 바뀌고 있다"고 주장했다. 이를테면 '전쟁에 나간다'는 말이 어느 먼 곳의 참호 속에 숨는 것이나 비행기를 타고 하늘에 떠 있는 것을 의미하지 않게 되었다. 그 대신 전쟁은 "날마다 자가용으로 출근해서 컴퓨터 화면 앞에 앉아 마우스로 클릭하는 일"이 되었다. 마우스로 무인전투기를 조종하는 이른바 칸막이 방 전사(cubicle warrior)들이 국가의 운명을 좌우하는 세상이 다가오는 셈이다. 비디오게임을 열심히 하면 훗날 무인항공기 조종법을 익히는 데 도움이 될 것이라니 이런 아이러니도 없는 것 같다.

어쨌거나 무인전투기가 전쟁의 주역이 되면 무공훈장은 전투조종사보다는 칸막이 방 병사, 나아가서는 무인전투기의 몫이 될지도 모른다.

참고문헌

- 〈무기 선진국의 무인병기 개발실태〉, 이인식, 《월간조선》(2014년 5월호), 194~203
- 〈무인항공기 기술〉, 《서울공대》(2014년 여름호), 20~43

포스트실리콘 기술

무엇이 실리콘 이후 시대를 지배할 것인가

2035년에도 무어의 법칙Moore's Law은 유효할 것인가. 인류사회의 지속적인 경제 발전과 관련해서 아마도 이만큼 치명적인 질문도 흔치 않을 것 같다.

미국의 반도체 기업인 인텔을 창업한 고든 무어Gordon Moore는 1965년 "집적회로 칩integrated-circuit(IC) chip 성능이 12개월마다 두 배 속도로 늘어날 것"이라고 예측했다. IC칩에 들어가는 트랜지스터의 수가 12개월마다 두 배씩 증가한다는 뜻이다. 무어는 10년 뒤인 1975년에 "IC칩이 18개월마다 두 배씩 성능이 향상된다"고 수정한 것으로 언론에 보도되었으나 그는 24개월로 발표했다고 주장하기도 했다. 요컨대 무어의 법칙은 '새로이 개발되는 마이크로칩microchip에 집어넣을 수 있는 트랜지스터의 수가 18~24개월마다 약 2배씩 늘어난다'는 의미이다.

무어가 실리콘 반도체칩 기술의 발전 속도를 새롭게 예측한 이후 2015년 현재까지 40년 동안 무어의 법칙이 정확하게 들어맞은 것으로 평가되고 있다.

무어의 법칙에 따라 마이크로칩의 성능이 꾸준히 향상됨에 따라 컴퓨터 혁명이 실현되어 인류는 정보사회의 번영을 누리고 있다. 하지만 실리콘 반도체 기술의 본질적인 한계로 무어의 법칙이 머지않아 종말을 맞게 될 것이라는 우려의 목소리도 만만치 않다. 무어의 법칙이 종료된다는 것은 20세기 후반부터 세계 경제 성장의 견인차 역할을 해온 컴퓨터 산업이 발전을 멈추고 제자리걸음을 할 수밖에 없다는 뜻을 함축하고 있다. 컴퓨터 산업의 발전이 정체되면 다른 산업도 성장을 멈추고 결국 실업자가 양산되어 인류사회는 깊은 혼돈에 빠져들게 될 것이다. 한마디로 무어의 법칙의 종말은 과학기술 분야에만 국한되지 않고 인류사회 전체에 엄청난 재앙을 몰고 올 역사적인 사건이 될 것임에 틀림없다.

미국의 물리학자인 미치오 카쿠Michio Kaku는 2011년에 펴낸《미래의 물리학Physics of the Future》에서 무어의 법칙이 붕괴될 수밖에 없는 이유를 두 가지 언급하였다. 첫째, 손톱만 한 실리콘 기판 위에 수천만 개의 트랜지스터를 새겨 넣음에 따라 끝내는 과도한 열이 발생하여 기판을 태워버릴 수 있다는 것이다. 둘째, 트랜지스터의 크기를 계속해서 줄이는 일은 물리학적으로 한계가 있기 때문에 영원히 지속될 수 없다는 것이다. 현재 기술로 기판에 새길 수 있는 트랜지스터의 크기는 원자의 30배 정도이다.

미치오 카쿠는 이 대목에서 "트랜지스터의 크기가 원자 하나의 규모까지 줄어들었을 때 무어의 법칙은 더 이상 적용되지 않는다"고 전제하고, "트랜지스터가 원자보다 작아지면 전자가 도선을 따라 움직이다가 밖으로 새어나올 수도 있기 때문에 양자역학이나 원자물리학이 적용되어야 한다"고 설명한다.

그는 이어서 "아무리 기술이 발달한다 해도 물리학의 한계를 극복할 수는 없으므로, 결국은 실리콘 시대가 막을 내리고 실리콘 이후, 곧 포스트실리콘 시대post-silicon era로 접어들게 될 것"이라고 전망하고 "대체기술이 개발되지 않는다면 실리콘밸리는 서서히 폐허로 변할 것"이라고 우려를 표명한다.

그렇다면 실리콘을 대신할 재료 또는 디지털 컴퓨터의 대안이 될 설계방식은 어떤 것이 있는지 궁금하지 않을 수 없다. 2010년 《사이언티픽 아메리칸Scientific American》 신년호는 이례적으로 편집진의 이름으로 〈마이크로칩의 다음 20년The Next 20 Years of Microchips〉이라는 글을 게재하였다. 무어의 법칙이 결국 종말을 맞게 된다는 전제하에 20년 뒤, 그러니까 2030년에 실리콘의 대안이 될 만한 기술들을 소개한 것이다. 먼저 실리콘 반도체의 대안이 될 소재로는 나노물질 두 가지가 언급되었다. 하나는 탄소나노튜브CNT · carbon nanotube이고, 다른 하나는 그래핀graphene이다.

1991년 일본의 재료과학자인 이지마 스미오가 발견한 탄소나노튜브는 탄소 여섯 개로 이루어진 육각형들이 균일하게 서로 연결되어 관 모양을 이루고 있는 원통형 구조의 분자이다. 1998년 서울대 물리학과의 임지순任志淳 교수는 《네이처Nature》 1월 29일자에 발표한 논문에서, 전기적으로 전도체인 탄소나노튜브가 열 개 이상이 모여 밧줄처럼 다발 구조가 되면 금속 성질이 없어지면서 저절로 반도체의 성질을 가진다는 것을 이론적으로 규명했다. 이 연구결과에 의해 실리콘 반도체보다 집적도가 1만 배 높은 소자를 만들 수 있는 길이 열린 것으로 평가되었다.

2004년 영국의 안드레 가임Andre Geim과 그의 제자인 콘스탄틴 노보셀로프Konstantin Novoselov가 흑연에서 발견한 그래핀은 탄소 원자가 고리처럼 서로 연결되어 벌집 모양의 평면 구조를 가지고 있으며, 원자 한 개만큼의 두께에 불과하다. 두 사람은 2010년에 노벨상을 함께 받았다. 노보셀로프는 그래핀에 세계에서 가장 작은 트랜지스터를 새겼는데, 세계에서 가장 작은 실리콘 트랜지스터보다 30배나 작은 것으로 알려졌다.

《사이언티픽 아메리칸》 편집진은 실리콘 마이크로칩에 의존하는 디지털 컴퓨터의 대안기술로 △양자컴퓨터quantum computer, △디옥시리보핵산 컴퓨터DNA computer, △분자컴퓨터molecular computer, △광컴퓨터optical computer를 열거하였다.

미치오 카쿠는 《미래의 물리학》에서 "무어의 법칙의 종말은 수조 달러가 걸려 있는 세계적 사안이 되었다. 그렇다면 언제쯤 끝나며, 어떤 법칙이 그 자리를 대신할 것인가?"라고 묻고 "그 해답은 다름 아닌 물리학 법칙이 쥐고 있다. 앞으로 자본주의의 경제구조는 물리학에 의해 좌우될 것"이라고 주장했다.

2030년대에 우리나라 과학기술자가 가령 '홍길동의 법칙'을 만들어 포스트실리콘 시대의 주역이 된다면 얼마나 좋겠는가만은.

양자컴퓨터

양자컴퓨터는 양자역학의 중첩(superposition) 현상과 얽힘(entanglement) 현상을 활용한다.

양자역학은 파동-입자 이중성을 전제한다. 물질의 아원자적 단위, 곧 원자 이하의 모든 실체는 우리가 보는 관점에 따라 때로는 파동처럼, 때로는 입자처럼 행동하는 양면성을 갖고 있다. 입자와 파동은 전적으로 성질이 다르지만 아원자적 단위는 파동에서 입자로, 입자에서 파동으로 변형을 계속한다. 이를테면 원자가 때로는 파동으로 행동하기도 하고, 빛이 때로는 입자로 작용하기도 한다.

원자 이하의 실체들이 파동 상태에 있을 때에는 공간적으로 떨어져 있는 수많은 장소에 동시에 존재한다. 가령 전자는 한곳에 있지 않고 동시에 모든 곳에 존재할 수 있다. 입자가 동시에 여러 개의 상태에 있는 것을 중첩 현상이라고 한다. 또한 양자세계에서 두 입자는 아무리 멀리 떨어져 있다고 하더라도 서로 연결되어 있다. 따라서 한 입자의 상태가 측정되면 다른 입자의 상태는 즉각적으로 결정된다. 두 입자가 거리와 무관하게 결합되어 상대에 영향을 미치는 상호작용을 얽힘 현상이라고 한다.

디지털 컴퓨터에서 정보의 기본 단위인 비트의 상태는 0 아니면 1이다. 그러나 양자비트(quantum bit) 또는 큐비트(qubit)라고 불리는 양자정보의 기본 단위는 0과 1 두 개의 상태를 동시에 가질 수 있다. 중첩 현상이 발생하기 때문이다. 또한 두 개의 큐비트는 네 개의 상태(00, 01, 10, 11)를 동시에 공유한다. 얽힘 현상이 나타난 까닭이다.

이와 같이 양자컴퓨터는 동시에 여러 개의 상태에 있을 수 있고, 동시에 모든 상태에 작용할 수 있기 때문에 디지털 컴퓨터와는 달리 단지 한 개의 처리장치로 동시에 수많은 계산을 별도로 수행할 수 있다. 이러한 엄청난 병렬처리

(parallel processing) 능력 때문에 양자컴퓨터가 디지털 컴퓨터를 압도할 것으로 여겨진다.
1985년 영국의 물리학자인 데이비드 도이치(David Deutsch)에 의해 처음으로 양자컴퓨터의 개념이 정립되었다.

참고문헌

- "The Next 20 Years of Microchips", Editors, Scientific American(2010년 1월호), 68~73
- *Physics of the Future*, Michio Kaku, Doubleday, 2011 / 《미래의 물리학》, 박병철 역, 김영사, 2012
- *The Fabric of Reality*, David Deutsch, Penguin Press, 1997

디스플레이 기술

세상을 생생하게 입체적으로 보여준다

텔레비전이나 컴퓨터의 화면에 데이터를 시각적으로 출력하는 표시장치, 곧 디스플레이display device 기술은 거침없이 진화를 거듭해서 화면 속의 사물을 현실세계에서처럼 선명하게 그리고 입체적으로 보게 될 날도 멀지 않았다.

디스플레이 기술의 역사는 1897년 독일의 물리학자인 카를 브라운(Karl Braun, 1850~1918)이 발명한 음극선관CRT · cathode ray tube 또는 브라운관Braun tube으로 시작된다. 브라운은 1909년 노벨상을 받았다. 진공관인 브라운관은 흑백TV, 컬러TV, PC 모니터 등으로 사용되면서 1960년대까지 세계 디스플레이 시장을 석권했다. 1990년대 후반부터 2차원 평면 디스플레이가 개발되고, 2000년대 들어 액정표시장치LCD · liquid crystal display 같은 디스플레이가 브라운관을 대체한다. 이어서 LCD 뒤에서 빛을 쏴주는 발광체 부분인 백라이트backlight를 형광램프에서 발광 다이오드LED · light-emitting diode로 바꾼 LED 디스플레이가 개발된다. 곧바로 유기발광다이오드, 곧 올레드OLED · organic light-emitting diode 디스플레이가 개발되어 디스플레이 기술에 파괴적 혁신이 일어나기 시작했다.

유기발광다이오드(올레드)는 전류를 흘려주면 스스로 빛을 내는 유기화합물 반도체이다. 올레드는 자체발광 능력이 있어서 LCD와 달리 화면 뒷면에 화면을 밝게 만드는 별도의 광원이 필요 없기 때문에 디스플레이를 종잇장처럼 얇은 두께로 만들 수 있을 뿐만 아니라 휘어진 상태에서도 발광이 가능한 것이다. 스마트폰보다 얇은 올레드 TV에 '페이퍼 슬림paper slim(종이처럼 얇은)'이라는 수식어가 붙는 이유이다. 2013년 4월 LG전자는 세계 최초로 55인치 크기의 휘어지는 TV를, 삼성전자는 같은 해 10월 휘어지는 스마트폰을 각각 선보였다.

한국과학기술연구원이 2014년 4월 펴낸 《KIST 과학기술 전망 2014》에 따르면 "플렉서블 디스플레이flexible display는 그 휘는 정도에 따라서 깨지지 않는unbreakable, 휘어지는bendable, 둥글게 말 수 있는rollable, 접을 수 있는foldable 등의 4단계로 나눌 수 있는데, 현재는 2단계인 휘어질 수 있는 정도의 수준에 머물고 있으며, 앞으로 전력 공급원인 유연한 형태의 이차전지 제작 기술에 의존해 발전할 수 있을 것"으로 예상된다.

플렉서블 디스플레이 기술의 발전으로 휴대용 전자장치의 사용방법에 큰 변화가 일어난다. 올레드 기술을 휴대용 컴퓨터에 활용하면 작게 접어서 지갑에 넣을 수 있고, 올레드 휴대전화는 돌돌 말아서 주머니에 넣고 다니게 된다. 올레드 디스플레이 기술을 이용하면 종이처럼 얇은 벽 스크린wall screen을 실제 벽지와 비슷한 가격에 생산할 수도 있다. 결국 주택의 모든 벽은 종이벽지 대신에 벽 스크린으로 도배된다. 이런 맥락에서 올레드 기술은 유비쿼터스 컴퓨팅ubiquitous computing 시대를 실현하는 데 결정적인 역할을 한다.

올레드 TV의 뒤를 이을 디스플레이 기술로는 빛을 내는 광원으로 양자점量子點, quantum dot(퀀텀닷) 반도체를 사용하는 퀀텀닷 텔레비전QDTV이 손꼽힌다. 원자들로 이루어진 나노 크기의 반도체인 양자점은 전류를 흘리면 특정 파장의 빛을 낸다. 퀀텀닷 TV는 올레드 TV보다 색을 재현하는 특성이 좋고 두께도 더 얇게 만들 수 있다. 삼성종합기술원이 2011년에 양자점 디스플레이 시제품을 발표하였다.

2035년경에는 3차원3D의 텔레비전과 영화도 일상생활 속으로 깊숙이 파고들 전망이다. 3D 영상 기술은 19세기에 발명된 오래된 기술이다. 《KIST 과학기술 전망 2014》에 따르면 "1849년 프리즘 방식의 입체 안경이 개발되면서 스테레오스코프stereoscope라는 이름으로 3D 영상이 처음 등장했다. 그리고 1922년에는 상업용 3D 영화 〈사랑의 힘The Power of Love〉이 처음 상영됐고, 30년 뒤인 1950년대에 할리우드를 중심으로 70편이 넘는 3D 영화가 제작돼 첫 전성기를 맞았다. 30년 뒤인 1980년대에 이르러 다시 일본과 미국을 중심으로 각종 3D 산업이 인기를 끌었다. 그리고 다시 우연처럼 약 30년이 지난 2009년 3D 영화인 〈아바타Avatar〉의 흥행으로 3D 영상의 대중화와 상용화가 크게 붐을 일으켰다."

3D 영화를 관람하려면 특수 안경을 써야 했지만 안경 없이도 맨눈으로 입체영상을 볼 수 있는 기술이 개발되었다.

3D 디스플레이 기술은 눈의 피로감을 최소화하면서 3D 영상을 볼 수 있는 3차원 시각 또는 깊이지각depth perception을 실현하는 기술을 개발하고 있다. 깊이지각은 눈의 망막이 상하, 좌우의 2차원 이미지를 갖고 있음에도 불구하고 깊이depth의 한 차원이 더 있는 것으로 간주하여 대상의 3차원 모양을 지각하는 것을 의미한다.

3D 영상기술의 최고봉은 단연 홀로그래피holography이다. 돌을 연못에 던지면 밖으로 퍼져나가는 동심원 모양의 파문이 생긴다. 이러한 파문이 서로 교차하면서 퍼져나갈 때 생기는 골과 마루의 복잡한 배열을 간섭무늬라고 한다. 빛이나 전파 등 파동의 성질을 지닌 모든 현상은 간섭무늬를 만들어낸다. 특히 레이저 광선은 응집성이 강한 빛이므로 간섭무늬를 만들기에 안성맞춤이다. 이를테면 레이저 광선은 동시에 연못과 돌이 된다.

파동의 간섭현상을 이용하여 물체의 입체 정보를 기록하는 기술이 홀로그래피이며, 홀로그래피 기술로 만들어낸 영상을 홀로그램hologram이라고 한다.

홀로그램은 사물이 바로 눈앞에 있는 것처럼 생생한 입체영상을 만들어낸다. 홀로그램이 정보통신 네트워크에 적용되면 전화를 받는 상대방이 당신 건너편에 앉아 있는 것처럼 실물 크기의 3차원 영상으로 나타나는 홀로폰holophone도 등장할 것으로 전망된다.

홀로그램

홀로그래피의 수학적 원리는 영국의 물리학자인 데니스 가보어(Dennis Gabor, 1900~1979)가 발견했다. 가보어는 1947년 이론을 정립한 공로로 1971년 노벨상을 받았다. 홀로그래피 기술은 1954년 레이저 광선이 발명되면서부터 실용화되기 시작했다.

홀로그램은 하나의 레이저 광선을 두 갈래로 나누어 만든다. 첫 번째 광선은 피사체에 반사시킨다. 두 번째 광선은 피사체에서 반사된 광선에 부딪히게 한다. 그렇게 하면 서로 간섭무늬를 만들어낸다. 이러한 간섭무늬를 필름 위에 기록한 것이 홀로그램이다.

눈으로 보면 필름에 기록된 영상은 피사체와 전혀 상관이 없어 보인다. 그러나 여기에 또 다른 레이저 광선을 통과시키면 피사체의 3차원 영상이 나타난다. 이 입체 영상은 진짜처럼 보이지만 손으로 만져보려고 하면 손은 허공을 지나가고 거기에는 아무것도 없음을 알게 된다.

홀로그램은 3차원 영상을 기록할 수 있을 뿐만 아니라 정보를 저장하는 능력도 대단하다. 두 개의 레이저 광선이 필름에 부딪히는 각도를 변화시키면 동일한 필름 표면에 서로 다른 영상을 기록할 수 있기 때문이다.

또한 홀로그램의 모든 부분에는 전체 영상에 대한 모든 정보가 담겨 있다. 피사체의 입체 영상을 담고 있는 필름을 절반으로 잘라서 거기에 레이저 광선을 비추면 각각의 반쪽짜리 필름에는 피사체 전체의 입체상이 나타난다. 반쪽 필름을 다시 반으로 갈라도 그 작은 조각으로부터 피사체의 전체 영상을 재현해낼 수 있는 것이다.

참고문헌

- 《KIST 과학기술 전망 2014》, 금동화 외, 한국과학기술연구원, 2014
- *Holographic Universe*, Michael Talbot, Harpercollins, 1991

서비스 로봇 기술

1가구 1로봇 시대가 온다

지능이 뛰어나고 감정을 느낄 줄도 아는 로봇이 우리의 생활 속으로 들어옴에 따라 개인용 로봇personal robot 시대가 성큼 다가오고 있다. 개인용 로봇은 제조 현장의 산업용 로봇과 달리 집 안, 병원 또는 전쟁터에서 사람과 공존하며 사람을 도와주거나 사람의 능력을 십분 활용하는 데 도구로 이용되므로 서비스 로봇service robot으로 더 자주 불린다.

서비스 로봇에는 가사 로봇, 교육용 로봇, 의료복지 로봇, 군사용 로봇이 포함된다. 가사 로봇은 집 안에서 청소, 세탁, 요리, 설거지, 세차, 잔디 깎기 등을 수행하여 가사 노동의 부담을 줄여줄 뿐만 아니라 주인 대신 집을 보는 일까지 척척 해낸다. 교육용 로봇은 학교와 가정에서 교육을 위해 친근하고 효과적인 수단으로 활용된다.

의료복지 로봇의 핵심은 수술 로봇과 재활 로봇이다. 수술 로봇은 의사의 수술 작업을 지원하며, 재활 로봇은 고령자와 신체 장애인의 재활 치료와 일상생활을 도와준다. 장애인에게 다리 노릇을 해주는 휠체어 로봇의 경우, 손을 쓰지 못하더라도 뇌파를 사용하여 조종할 수 있다. 뇌파 조종 시스템의 핵심기술은 뇌-기계 인터페이스BMI · brain-machine interface이다. BMI는 머릿속에 생각을 떠올리는 것만으로 컴퓨터를 제어하여 휠체어 등 각종 장치를 작동하는 기술이다. 한마디로 손 대신에 생각 신호thought signal로 로봇이나 기계를 움직이는 기술이다. 특히 전신마비 환자의 경우 전신을 감싸는 옷처럼 생긴 외골격exoskeleton을 입히고 BMI 기술로 외골격의 동작을 제어하면 전신마비 환자들도 다시 걸을 수 있다. 일종의 입는 로봇wearable robot인 외골격은 정상적인 사람에게도 쓰임새가 많다. 가령 여성 간호사가 전신형 로봇 옷을 입으면 몸집이 큰 남자 환자를 번쩍 들어 올릴 수 있고, 병사들은 전투용 외골격을 입고 평소보다 20배 넘게 더 강력한 힘을 발휘할 수도 있다.

군사용 로봇 또는 살인 로봇killer robot은 모양과 크기가 다양할 뿐만 아니라 지능이 비약적으로 향상된다. 2008년 미국 국가정보위원회NIC가 펴낸 〈2025년 세계적 추세Global Trends 2025〉에 따르면 2014년 무인전투차량, 곧 로봇 병사가 전투 상황에서 사람에게 사격을 가하고, 2020년 생각 신호로 조종되는 무인차량이 군사작전에 투입되며, 2025년 완전 자율 로봇이 처음으로 현장에서 활약한다. 사람처럼 스스로 움직이는 자율적인 로봇이 출현하면 싸움터에서 사람이 사라지고 무자비한 살인 로봇끼리 격돌하지 말란 법이 없다.

서비스 로봇은 물론 일상생활에서 그 쓰임새가 극대화된다. 특히 고령자나 장애인을 도와주는 로봇이 각 가정에 필수품이 되면 사회적 약자의 삶의 질이 개선된다. 하지만 가사 로봇에 지나치게 의존할 경우 운동량이 부족해서 비만이 갈수록 심각한 사회적 문제로 부각된다. 게다가 집안일을 로봇에 맡김에 따라 저소득 여성 노동자들이 일자리를 빼앗기는 현상이 나타난다.

로봇 전문가들에 따르면 2000년부터 청소 로봇과 애완 로봇을 중심으로 서비스 로봇 시장이 형성되기 시작했으며, 2010년경 사람의 건강과 복지에 도움이 되는 서비스 로봇이 본격적으로 보급되고, 2020년쯤에는 개인용 로봇이 각 가정에 필수적인 존재가 되어 1가구 1로봇 시대가 개막될 것으로 전망된다. 선진국의 경우 2020년에 서비스 로봇의 수가 사람의 수를 초과할 것이라고 예측하는 미래학자들도 더러 있다.

그렇다면 2030년경의 로봇은 어떤 모습일까? 미국의 로봇공학 전문가인 한스 모라벡Hans Moravec은 1988년 펴낸 《마음의 아이들Mind Children》에서 로봇 기술의 발달 과정을 생물 진화에 견주어 설명했다. 그의 아이디어는 1999년 출간된 《로봇Robot》에서 구체화되었다.

모라벡에 따르면 20세기 로봇은 곤충 수준의 지능을 갖고 있지만, 21세기에는 10년마다 세대가 바뀔 정도로 지능이 향상될 전망이다. 이를테면 2010년까지 1세대, 2020년까지 2세대, 2030년까지 3세대, 2040년까지 4세대 로봇이 개발될 것 같다. 먼저 1세대 로봇은 동물로 치면 도마뱀 정도의 지능을 갖는다. 20세기의 로봇보다 30배 정도 똑똑한 로봇이다. 2020년까지 나타날 2세대 로봇은 1세대보다 성능이

30배 뛰어나며 생쥐 정도로 영리하다. 3세대 로봇은 원숭이만큼 머리가 좋고 2세대 로봇보다 30배 뛰어나서 어떤 행동을 취하기 전에 생각하는 능력이 있다. 가령 부엌에서 요리를 시작하기 전에 3세대 로봇은 여러 차례 머릿속으로 연습을 해본다. 2세대 로봇은 팔꿈치를 식탁에 부딪힌 다음에 대책을 세우지만, 3세대 로봇은 미리 충돌을 피하는 방법을 궁리한다는 뜻이다.

2040년까지 개발될 4세대 로봇은 20세기의 로봇보다 성능이 100만배 뛰어나고 3세대보다 30배 똑똑하다. 이 세상에서 원숭이보다 30배가량 머리가 좋은 동물은 다름 아닌 사람이다. 말하자면 사람처럼 생각하고 느끼고 행동하는 기계인 셈이다.

일단 4세대 로봇이 출현하면 놀라운 속도로 인간의 능력을 추월하기 시작할 것이다. 2040년대에 사람과 같은 지능, 곧 인공일반지능 artificial general intelligence을 가진 기계가 출현하면 사람과 서비스 로봇이 어떤 사회적 관계를 맺게 될지 궁금하다.

마음 업로딩

한스 모라벡은 《마음의 아이들》에서 마음 업로딩(mind uploading) 시나리오를 제시하였다. 뇌 속에 들어 있는 사람의 마음을 컴퓨터와 같은 기계장치 안으로 옮기는 과정을 마음 업로딩이라고 한다.
모라벡의 시나리오에 따르면 인간의 마음이 기계에 이식되면서 상상하기 어려운 변화가 일어난다. 먼저 컴퓨터의 처리 성능에 힘입어 사람의 마음이 생각하고 문제를 처리하는 속도가 수천 배 빨라질 것이다. 마음을 이 컴퓨터에서 저 컴퓨터로 자유자재로 이동시킬 수 있기 때문에 컴퓨터의 성능이 강력해지면 그만큼 사람의 인지 능력도 향상될 것이다. 또한 마음 프로그램을 복사하여 동일한 성능의 컴퓨터에 집어넣을 수 있으므로 자신과 동일하게 생각하고 느끼는 기계를 여러 개 만들어낼 수 있다. 게다가 마음 프로그램을 복사하여 보관해두면 오랜 시간이 경과한 후에 다시 사용할 수 있기 때문에 마음이 사멸하지 않게 된다. 마음이 죽지 않는 사람은 결국 영생을 누리게 되는 셈이다. 이른바 디지털 불멸(digital immortality)이 가능해지는 것이다.

모라벡은 한 걸음 더 나아가 마음을 서로 융합시키는 아이디어를 내놓았다. 컴퓨터 프로그램을 조합시키는 것처럼 여러 개의 마음을 선택적으로 합치면 상대방의 경험이나 기억을 서로 공유할 수 있다는 것이다.

모라벡의 시나리오처럼 사람의 마음을 기계로 옮겨 융합할 수 있다면 조상의 뇌 안에 있는 생존 시의 기억과 감정을 읽어내서 살아 있는 사람의 의식 속으로 재생시킬 수 있을 터이므로 산 사람과 죽은 사람, 미래와 과거의 구분이 흐릿해질 수도 있다.

이런 맥락에서 모라벡은 소프트웨어로 만든 인류의 정신적 유산을 물려받게 되는 로봇, 곧 마음의 아이들(mind children)이 인류의 후계자가 될 것이라고 주장하였다.

로봇공학이 발전을 거듭하고 있는 오늘날 예측 가능한 유일한 사실은 사람보다 영리한 로봇, 곧 로보 사피엔스(Robo sapiens)가 출현하게 될 21세기 후반 인류 사회의 모습이 예측 불가능하다는 것뿐이다.

참고문헌

· 《나는 멋진 로봇친구가 좋다》, 이인식, 고즈윈, 2009
· 《융합하면 미래가 보인다》, 이인식, 21세기북스, 2014
· *Mind Children*, Hans Moravec, Harvard University Press, 1988 / 《마음의 아이들》, 박우석 역, 김영사, 2011
· *Robot*, Hans Moravec, Oxford University Press, 1999
· Disruptive Civil Technologies, National Intelligence Council(NIC), 2008년 4월
· *Superintelligence*, Nick Bostrom, Oxford University Press, 2014

유기소재 기술

종이처럼 돌돌 말리는 텔레비전 나온다

세계 인구 72억 명 중에서 13억 명은 전기가 들어오지 않는 지역에서 산다. 따라서 열 사람 중에서 두 명 가까이 등유나 배터리 따위로 밤을 밝힌다. 2011년 영국의 에잇19Eight 19라는 기업이 이들에게 태양 에너지를 활용할 기회를 주기 위해 인디고Indigo 프로젝트를 시작했다. 인디고 프로젝트의 목표는 등유보다 비용도 저렴하고 환경오염도 덜 시키는 태양전지solar cell를 개발해서 지붕 위에 설치해주는 것이었다. 그러나 태양전지의 90%는 실리콘을 사용하기 때문에 등유 사용 비용보다 저렴하게 제공한다는 것은 꿈도 꿀 수 없는 일이었다. 하지만 에잇19가 인디고 프로젝트를 추진할 만한 이유가 있었다. 실리콘 같은 무기inorganic물질이 아니라 유기organic물질로 태양전지를 만드는 전문 업체였기 때문이다.

우리 주변의 전자제품은 대부분 실리콘 반도체나 구리 따위의 금속 재료 같은 무기물질로 만들어진다. 그러나 생체 안에서 생명력에 의하여 생성되는 물질인 유기물질은 오랫동안 전자재료로 사용되지 않았다. 유기물질은 무기물질처럼 전류가 흐를 수 없다고 여겨졌기 때문이다.

1950년대부터 화학자들은 탄소를 주성분으로 하는 화합물, 곧 유기화합물도 탄소를 포함하고 있지 않은 화합물인 무기화합물처럼 전도성conductivity을 갖고 있을 가능성에 주목하기 시작했다. 전도성 같은 전기적 특성을 지닌 유기물질을 연구하는 재료과학, 곧 유기전자공학organic electronics이 출현하게 된 것이다.

유기전자공학 초창기의 최대 성과는 전도성 플라스틱conductive plastic의 발견이다. 플라스틱은 폴리머(중합체, polymer)라고 불리는 고분자들이 긴 사슬로 연결된 것이다. 폴리머의 특성 하나는 전기를 통하지 않는다는 것이었다. 전선의 절연을 위해 폴리머로 피복을 입히는 것도 폴리머가 절대로 전기를 통하지 않는다고 여겨졌기 때문이다.

그런데 1975년부터 세 명의 과학자, 곧 미국의 앨런 히거Alan Heeger, 뉴질랜드 태생의 앨런 맥더미드(Alan MacDiarmid, 1927~2007), 일본의 시라카와 히데키白川英樹는 공동 연구에 착수하여 폴리머에서 전기가 흐른다는 사실을 발견했다. 2000년 노벨화학상은 이 세 사람에게 돌아갔다. 노벨상을 수여하는 자리에서 스웨덴 왕립과학원이 그들의 공적을 요약하여 발표한 연설문의 일부를 인용하기로 한다.

"그들은 드디어 해냈습니다. 플라스틱의 전도도가 1,000만 배나 증가한 것입니다. 플라스틱 필름이 금속처럼 전도성이 생겼습니다. 이는 다른 사람들에게뿐만 아니라 연구자들에게도 놀라운 발견이었습니다. 왜냐하면 전기선을 플라스틱으로 싸는 것처럼 우리가 금속과 플라스틱을 함께 사용하는 이유는 그것이 절연체였기 때문입니다."

플라스틱의 유연성과 가벼움을 금속의 전기적 특성과 합칠 경우 가능한 응용 분야도 열거했다.

"미래의 이동전화 액정이나 평면 텔레비전 화면을 만드는 데 사용할 수 있는, 전기적으로 발광하는 플라스틱은 어떻습니까? 아니면 반대로 전류를 만들기 위해 빛을 사용하는 것으로, 환경 친화적인 전기를 만드는 태양전지 플라스틱이 있습니다."

전도성 플라스틱의 발견을 계기로 유기전자공학이 획기적으로 발전한다. 유기전자공학의 2대 중점 분야는 디스플레이display device 기술과 태양전지 기술이다. 유기디스플레이 기술은 유기발광다이오드, 곧 올레드OLED · organic light-emitting diode를 사용한다. 1987년 홍콩 태생의 미국 화학자인 칭 탱Ching Tang, 鄧青雲이 이스트만코닥Eastman Kodak에서 유기다이오드를 최초로 생산한 이후 유기발광다이오드 시대가 개막된다. 올레드(유기발광다이오드)는 전류를 흘려주면 스스로 빛을 내는 유기화합물 반도체이다. 올레드는 자체 발광하는 능력이 있기 때문에 종이처럼 얇은 디스플레이를 만들 수도 있고, 스마트폰을 돌돌 말아서 들고 다니게 할 수도 있다. 2013년 LG전자는 휘어지는 텔레비전을, 삼성전자는 휘어지는 스마트폰을 각각 발표하였다.

유기전자공학의 두 번째 핵심 연구 분야는 유기태양전지OPV · organic photovoltaic이다. 인디고 프로젝트에 의해 아프리카의 마을에 보급된 바로 그 태양전지이다. 등유를 사용할 때 비용보다 저렴하게 공급된 것으로 알려졌다. 유기소재가 실리콘 같은 무기소재에 비해 비용이 적게 소요되는 것을 웅변으로 보여주는 사례이다.

유기전자공학에서 빼놓을 수 없는 또 다른 연구 분야는 나노기술nanotechnology의 핵심인 탄소 기반의 나노물질, 곧 탄소나노튜브CNT · carbon nanotube와 그래핀graphene이다. 탄소나노튜브는 튼튼하고 끊어지지 않고 잘 휘어지며 가벼울 뿐만 아니라 열과 전기를 잘 전달하고 반도체의 성질도 나타내기 때문에 전자소재로서 쓰임새가 무궁무진하다. 그래핀 역시 탄소나노튜브 못지않은 특성을 갖고 있으므로 휘어지는 텔레비전이나 지갑에 들어가는 컴퓨터도 만들 수 있다.

유기전자소재는 실리콘 같은 무기전자소재와 달리 가볍고, 구부러질 수 있고, 더 저렴하므로 인공피부artificial skin나 각종 센서, 특히 바이오센서biosensor 개발에 활용될 전망이다.

유기전자공학이 약속하는 미래에 도전해서 노다지를 캐내는 과학기술자들이 우리나라에서도 많이 배출되길 기대한다.

우주 엘리베이터

탄소나노튜브는 강철보다 100배 강할 정도로 인장력이 엄청나서 이 세상에서 가장 튼튼한 물질로 여겨진다. 이처럼 튼튼하면서도 가볍기 때문에 고급 스포츠 상품에 사용된다. 테니스 라켓, 골프채, 야구방망이, 자전거 등에 활용되는 추세이다.

또한 우주 엘리베이터(space elevator)의 실현 가능성도 높여주고 있다. 우주 엘리베이터의 아이디어는 1895년 러시아의 물리학자인 콘스탄틴 치올코프스키(Konstantin Tsiolkovsky, 1857~1935)가 처음 내놓았으며, 1960년 러시아의 기술자인 유리 아르츠타노프(Yuri Artsutanov, 1929~)가 건설 공법을 제안하였다. 1979년 과학소설가인 아서 클라크(Arthur Clarke, 1917~2008)가 펴낸 《낙원의 샘 The Fountains of Paradise》이라는 소설에 묘사됨으로써 주목을 받게 되었다. 클라크는 적도 상공 3만 5,800㎞의 지구 궤도를 도는 인공위성에서 지구로까지 거대한 탑을 세우고, 그 안에 승강기를 설치하면 지구와 우주를 마음대로 왕복할 수 있다고 상상했다. 하늘 높이 3만 5,800㎞의 탑을 세운다는 것은 그야말로 공상과학 소설 속에서나 가능함 직한 터무니없는 발상이라 아니할 수 없다.

그러나 미국 항공우주국(나사) 기술자들은 우주 엘리베이터의 건설 가능성을 낙관하는 보고서를 내놓았다. 우주 엘리베이터 건설을 위해 극복해야 할 최대의 난관은 거대한 탑의 무게를 감당할 재료를 찾아내는 일이었는데, 탄소나노튜브가 충분한 인장력을 가진 것으로 밝혀졌기 때문이다.

2014년 9월 일본의 건설업체가 우주 엘리베이터를 2050년까지 건설할 계획이라고 발표했다. 1999년 나사의 한 회의에서도 2060년께 우주 엘리베이터의 건설이 가능하다는 결론이 나온 것으로 알려졌다.

참고문헌

· 《나노기술의 모든 것》, 이인식, 고즈윈, 2009
· "Better Displays with Organic Films", Webster Howard, Scientific American(2004년 2월호), 64~69
· Organic Electronics for a Better Tomorrow, Chemical Sciences and Society Summit(CS3), 2012년 9월

4

안전한 사회

인체인증 기술

신원 확인인가, 감시기술인가

2035년 사회의 안전을 담보하는 기술의 하나로 생체측정학biometrics이 각광을 받는다. 생체측정학은 사람의 특성을 근거로 신원을 확인하여 건물 출입을 통제하거나 민감한 디지털 정보에 접근하는 행위를 감시하는 데 활용된다. 이른바 인체인증biometrics authentication 기술은 사람의 생리적 특성과 행동적 특성을 사용하여 신원을 확인한다.

생리적 특성은 얼굴을 포함하여 지문, 손의 윤곽, 손바닥의 정맥, 눈의 홍채와 망막, 뇌파, 몸의 냄새가 이용되고 있으며 행동적 특성으로는 필적, 음성, 걸음걸이가 응용된다.

얼굴은 신원 확인의 가장 중요한 특성으로 활용된다. 얼굴인식face recognition에는 머리카락 모양이나 표정 변화로 어려움이 없지 않지만 아무래도 가장 효과적인 인체인증 기술로 여겨진다. 가령 군중 속에 섞여 있는 은행 강도, 마약 밀매자 또는 테러리스트 같은 위험인물을 찾아낼 수 있는 유일한 방법이기 때문이다.

지문은 각 개인에게 고유한 생리적 특성이다. 쌍둥이라도 지문이 같을 확률은 10억분의 1에 불과하다. 따라서 지문은 100여 년 전부터 범인 색출에 사용되었다. 지문감식 장치는 경찰서, 은행, 교도소, 군사기관, 이민국 등에서 신원 확인에 널리 사용되고 있다.

3차원적인 손의 윤곽hand geometry은 인체인증에 이점이 많다. 1~2초 내에 신원을 확인할 수 있으며 인식률도 높고 사용하기 쉽기 때문이다.

손바닥의 정맥도 활용된다. 사람의 손바닥 혈관 패턴이 모두 다른 점에 착안한 인체인증 기술이다. 손바닥에 적외선을 쏘아 정맥의 혈관 모양을 판독한다.

눈의 망막과 홍채는 신원 확인에 유용한 단서가 된다. 2002년 미국의 스티븐 스필버그Steven Spielberg 감독이 연출한 영화인 〈마이너리티 리포트Minority Report〉에 홍채인식이 소개된다. 이 영화의 원작은 미국의 과학소설가인 필립 딕(Philip Dick, 1928~1982)의 동명소설이다. 이 단편소설이 발표된 시기가 1956년임을 감안하면 작가의 천재적인 상상력에 경탄을 금하지 않을 수 없을 것 같다. 2054년 미국의 도시가 무대인 이 영화에서 주인공은 범죄를 예측해서 예방하는 임무를 수행한다. 누명을 쓰게 된 주인공은 길거리에서 마주치는 홍채인식 로봇의 감시를 피하기 위해 다른 사람의 눈을 이식한다.

광선이 사람의 눈에 들어오면 제일 먼저 일종의 보호 창문인 각막과 마주친다. 각막을 지난 광선은 젤리 같은 물질인 수양액을 횡단한다. 수양액을 나온 광선은 동공을 통과한다. 동공은 홍채의 중심에 있는 구멍이다. 홍채는 동공의 크기를 축소 또는 확대하는 자동제어 기능을 갖고 있으며 사진기의 조리개에 해당된다. 홍채는 동공의 크기를 조절하여 망막으로 가는 빛의 양을 조절한다. 눈동자의 뒤에 위치한 망막은 두께가 종이 한 장 정도에 불과하지만 광선 에너지를 전기에너지로 변환하여 시각정보를 뇌로 전달한다. 홍채의 조직은 지문보다 6배 이상 현저한 특징을 갖고 있어 신원 확인의 효과적인 수단이 되고 있는 것이다. 망막검색 장치는 동공을 통해 약한 적외선 빛을 눈의 뒷면에 비추는 방법으로 망막의 혈관 패턴을 검색한다. 군사시설이나 은행에서 고급 보안장치로 사용된다.

한편 필적은 신원 확인에 가장 보편적으로 사용되는 행동적 특성이다. 금융기관에서 서명 확인 작업을 자동화할 수 있으므로 필적은 인체인증 기술 연구에서 가장 관심을 끄는 분야이다. 음성은 사용자들의 만족도가 높아 가장 매력적인 신원 확인 기술로 손꼽힌다. 음성인식은 보안시설이나 사무실의 출입 통제에 안성맞춤이다. 걸음걸이 인식기술도 개발된다. 사람의 걸음걸이는 뼈의 길이와 밀도, 근육, 생활습관에 따라 저마다 다르기 때문에 이를 위장하기는 사실상 불가능하다.

인체인증 기술이 발전함에 따라 신원 확인에서 한 걸음 더 나아가 감시기술로 사용될 소지가 많다. 가령 얼굴 인식 시스템의 경우 1999년부터 영국에서 감시용으로 사용되기 시작했다. 런던 교외의 한 거리에 설치된 시스템은 모자와 안경으로 변장한 사람의 신원을 밝혀냈다. 세계 최초로 거리에서 시험 운용된 얼굴인식 장치인데, 날마다 1분도 쉼없이 비디오카메라로 모든 행인의 얼굴을 주사走查하여 컴퓨터로 즉시

지명수배자들의 얼굴과 대조한다. 만일 범인으로 판명되면 관제실에 경보가 울리고 근무자는 재확인을 한 뒤 경찰에 통보한다. 또한 세계 유수의 공항에서는 위험인물의 얼굴을 추적하는 시스템을 비밀리에 가동하고 있다.

얼굴인식 시스템이 거리나 공항 등 공공장소에 설치되면 범죄를 억제하는 효과가 있겠지만 일반 시민들의 사생활(프라이버시)을 침해할 가능성도 많다. 결국 길을 걸으면서 감시의 눈초리를 의식해야 하는 시대가 오고야 만 것이다. 정보사회의 도시가 프라이버시가 없는 마을로 바뀌는 셈이다. 아무 데고 숨을 곳이 없는 사막처럼.

비디오카메라로 엿보는 기술은 조지 오웰(George Orwell, 1903~1950)의 디스토피아 소설인 《1984년》을 연상시킨다. 독재자 빅 브라더는 텔레스크린으로 모든 국민의 사생활을 끊임없이 엿본다.

사이드 채널

혼자 사무실에 앉아 컴퓨터를 사용한다고 해서 제3자가 중요한 정보를 훔쳐보지 못할 것이라고 생각하면 위험천만한 오산이다. 다시 말해서 컴퓨터와 네트워크 내부에 제아무리 철저한 보안장치를 해도 정보가 새어나갈 틈새는 한두 군데가 아니라는 것이다.
컴퓨터에서 보안장치를 우회하여 정보가 누출되는 구멍을 사이드 채널(side channel)이라고 한다. 사이드 채널은 컴퓨터와 사용자가 만나는 물리적 공간, 예컨대 모니터, 키보드, 프린터의 언저리에 존재한다.
1960년대에 미국 군사과학자들은 컴퓨터 모니터에서 나오는 전자파를 차폐하는 기술을 개발했다. 모니터의 전자파에 맞추어놓고 옆 사무실에서 화면에 떠오른 정보를 재구성해낼 수 있기 때문이다.

2008년 미국의 정보보안 심포지엄에서 사람이 컴퓨터 자판을 두드릴 때 손가락의 영상을 보고 그가 치는 글자를 알아내는 소프트웨어가 발표되었다.

2009년 독일의 소프트웨어 기술자가 프린터가 출력하면서 내는 소리를 듣고 그때 인쇄되는 글자를 구성해내는 소프트웨어를 만든 것으로 알려졌다.

같은 해에 미국의 정보보안 심포지엄에서 컴퓨터 화면을 반사하는 사무실의 물체들, 예컨대 찻잔, 플라스틱 병, 벽시계 등에 비친 영상을 싸구려 망원경으로 포착하면 화면의 정보를 얼마든지 해독할 수 있다는 연구결과가 보고되었다. 컴퓨터 사용자의 안경은 물론이고 심지어 눈동자에 비친 영상을 통해 컴퓨터 정보를 훔쳐볼 수 있는 것으로 확인되었다.

사무실의 모든 전자파, 모든 소리, 모든 영상이 사이드 채널 공격의 과녁이 될 수 있음에 따라 2030년대에는 감시기술로부터 컴퓨터 정보를 지켜내는 일이 중요한 사회적 쟁점이 될 전망이다.

참고문헌

· 《이인식의 멋진 과학 2》, 이인식, 고즈윈, 2011, 87~90
· *Our Biometric Future*, Kelly Gates, NYU Press, 2011

식량안보 기술

한반도의 먹거리를 걱정하지 않아도 된다

인류사회의 지속가능발전sustainable development을 위해 가장 먼저 해결해야 하는 문제의 하나는 절대빈곤absolute poverty이다. 절대빈곤은 세계 인구 72억 명 중에서 최소한 10억 명에게는 생사가 걸린 문제이다. 해마다 어린이 650만 명이 다섯 살도 되기 전에 굶어 죽는 실정이다.

미국의 환경운동가이자 생태경제학자인 레스터 브라운Lester Brown은 가난한 나라들이 식량 부족으로 무정부 상태가 되면 전염병, 테러, 마약, 무기, 심지어 피난민의 확산을 통제할 수 없게 되므로 인류 문명 자체가 붕괴될지 모른다고 우려했다. 브라운은 2009년 《사이언티픽 아메리칸Scientific American》 5월호에 기고한 글에서 21세기의 식량 위기는 20세기와 달리 구조적인 현상으로 나타나서 해결책을 찾기가 쉽지 않다고 주장했다. 20세기에는 가뭄 따위의 이유로 곡물 가격이 일시적으로 요동쳤으나 21세기 들어서는 수요와 공급 측면에서 복합적인 요인으로 식량 부족이 심화되고 있다는 것이다. 먼저 수요 측면에서 세계 인구 증가가 식량 소비의 규모를 증대시킨다. 공급 측면에서 식량 부족을 부채질하는 요인은 물 부족, 표토表土 망실, 기온 상승 등 환경과 관련된 것들이다.

브라운은 세계 식량 부족 문제를 해결하기 위해 네 가지의 해법을 제시했다. 첫째 2020년까지 온실가스 배출량을 2006년 수준의 80%까지 감소한다. 둘째 세계 인구를 2040년까지 80억 명으로 묶는다. 셋째 절대빈곤과 기아를 퇴치한다. 넷째 땅과 수풀을 원상 복구한다.

레스터 브라운이 제안한 해법처럼 식량 위기를 사전에 방지하기 위해 식량 확보에 만전을 기하는 정책이나 기술을 통틀어 식량안보food security라고 한다. 식량안보는 1974년 세계식량회의World Food Conference에서 처음으로 그 개념이 정의된 이후에 1996년 세계식량정상회의World Food Summit에서 보완 및 확장되었다. 이를테면 "식량안보는 모든 사람이 활동적이고 건강한 삶에 필요한 식생활과 식량 선택을 충족하기 위해 충분하고 안전하며 영양이 풍부한 식량에 어느 때나 물리적 및 경제적으로 접근 가능할 때 존재한다"고 정의되었다.

유엔 식량농업기구FAO · Food and Agriculture Organization는 2009년에 식량안보의 네 가지 핵심 요소로 가용성availability, 접근성access, 활용성utilization, 안정성stability을 명시했다. 그러니까 식량안보는 식량이 생산 · 분배 · 교환을 통해 공급(가용성)되고, 모든 사람에게 식량이 제공 · 할당(접근성)되며, 개인의 생리적 요구를 영양 측면에서 충족(활용성)하고, 언제나 식량이 확보 가능(안정성)하게 되는 것을 의미한다.

식량안보의 핵심기술로는 정밀농업precision agriculture과 유전자 변형 농산물GMO · genetically modified organism이 손꼽힌다. 두 가지 기술 모두 미국 국가정보위원회NIC가 2012년에 펴낸 보고서인 〈2030년 세계적 추세Global Trends 2030〉에 2030년 세계시장 판도를 바꾸어놓을 게임 체인저game changer 기술로 선정되었다.

정밀농업은 정보통신 기술을 농업에 융합하여 씨앗이나 물 · 비료 · 농약을 정확하게 필요한 만큼만 사용하고 농작물의 수확량을 최대화하는 경작 방식이다. 컴퓨터를 활용하여 농경지의 조건, 가령 토양 · 물 · 잡초 분포 따위에 따라 필요한 용수와 비료의 양을 정확하게 산출하여 사용하기 때문에 최적화된 방식으로 경작이 가능하다. 그러나 정보통신 기술을 사용하는 데 필요한 설비 투자가 만만치 않고 자동화 농기구의 가격도 부담이 된다. 미국의 경제학자인 제프리 삭스Jeffrey Sachs는 2015년 3월에 펴낸 《지속가능발전의 시대The Age of Sustainable Development》에서 "향후 몇 년 사이에 정보통신 기술 비용의 하락으로 가난한 나라의 가난한 농부들도 화학비료를 적게 사용하여 환경을 덜 오염시키는 정밀농업에 종사하게 될 것"이라고 낙관하였다.

유전자 변형 농산물은 유전자 이식transgenic 기술의 발달에 힘입어 식량안보 문제를 해결하는 강력한 수단이 된다. 콩 · 옥수수 · 목화 · 감자 · 쌀에 제초제나 해충에 내성을 갖는 유전자를 삽입하여 수확량이 많은 품종을 개발한다.

유전자 변형 농산물과 함께 식량문제의 대책으로 거론되는 신생기술은 수직농장vertical farm과 시험관 고기in vitro meat이다.

수직농장 또는 식물공장plant factory은 도시의 고층건물 안에 만들어지는 농장이다. 1999년 미국의 생태학자인 딕슨 데스포미어Dickson Despommier가 처음 아이디어를 내놓은 수직농장은 통제된 시설 안에서 식물이 자라는 데 필요한 빛 · 온도 · 습도 · 이산화탄소 등의 환경조건을 인공적으로 제어하여 1년 내내 안정적으로 농작물을 생산할 수 있으므로 이상기후에 따른 수확량 감소 문제가 발생하지 않을 뿐만 아니라 농약을 살포하지 않아서 친환경 채소류의 재배도 가능하다. 그러나 농장 운영에 소요되는 에너지 비용이 부담이 된다. 우리나라는 2004년 농촌진흥청이 시범운영에 착수했으며, 세계 최초의 상업용 수직농장은 2012년에 싱가포르에서 첫선을 보였다.

시험관 고기 또는 배양육cultured meat은 소 · 돼지 · 닭 등 가축에서 떼어낸 세포를 시험관에서 배양하여 실제 근육조직처럼 만들어낸 살코기이다. 처음에는 우주비행사의 식품으로 개발되었지만 식량안보 기술로 기대를 모으고 있다. 2013년 8월에 영국 런던에서 배양육 기술로 만든 살코기의 시식회가 처음으로 열렸다. 네덜란드의 마크 포스트Mark Post가 암소의 세포로 만든 햄버거였는데, 식감이 보통 고기와 크게 다르지 않은 것으로 평가되었다. 배양육이 대량으로 생산되면 온실가스 저감에도 효과가 있을 것 같다. 소가 방귀를 뀌며 방출하는 메탄가스가 지구 전체 온실가스 배출량의 18%나 되기 때문이다.

식량안보 기술이 완벽하게 실현되면 2030년대에 8,000만 명의 통일 한국 국민이 먹거리 걱정을 안 해도 될 터이다.

도시농업

유엔 식량농업기구는 식량안보를 도모하는 방편의 하나로 도시농업(urban agriculture)을 꼽고 있다. 2005년 6월 발표한 자료에서 도시 농지와 도시 주변의 농지가 세계의 도시 거주지 약 7억 명에게 먹거리를 공급하고 있다고 보고했다.
도시 안에 있거나 도시에 바로 인접한 이 농지들은 대부분 고층 아파트 근처에 있는 공공 텃밭(community garden)이거나 안마당, 심지어 건물 옥상에 자리한 작은 땅 쪼가리들이다. 파리를 비롯한 유럽의 도시, 캐나다의 밴쿠버, 미국의 필라델피아에는 공공 텃밭이 전통으로 이어져 내려오고 있다.
레스터 브라운이 2008년에 펴낸 《플랜 B 3.0》에 따르면 중국의 상하이나 베트남의 하노이에서도 도시농업이 활발한 것으로 나타났다. 상하이 주민이 소비하는 돼지고기와 닭고기의 절반, 야채의 60%, 우유와 달걀의 90%가 도시와 그 주변지역에서 나온다. 하노이의 경우, 신선한 야채의 80%가 도시 안에 있거나 바로 인접한 농지에서 생산된다. 하노이에서 소비되는 돼지고기와 닭고기, 달걀의 50%가 하노이와 그 인근의 농지에서 공급된다.
도시에서 텃밭을 가꾸는 것은 지방의 농산물 직판장이 성장하는 것과 밀접하게 연관되어 있다. 도시 근처에 사는 농부들은 신선한 과일과 야채, 고기, 우유, 달걀, 치즈를 생산하여 도시 소비자들에게 직접 판매하기 때문이다. 고품질의 신선한 농산물에 대한 갈망과 지역 농부들을 도우려는 마음이 상승 작용하여 미국의 농산물 직판장 숫자가 획기적으로 늘어난 것으로 분석된다.

참고문헌

· *Plan B 3.0*, Lester Brown, Norton, 2008 / 《플랜 B 3.0》, 황의방 · 이종욱 역, 도요새, 2008
· New Food Frontiers, Stylus, 2015년 9월 7일
· Global Trends 2030: Alternative Worlds, National Intelligence Council(NIC), 2012년 12월
· *The Age of Sustainable Development*, Jeffrey Sachs, Columbia University Press, 2015

5

지속가능한 사회

신재생에너지 기술

자연의 청정에너지로 지구의 건강을 지킨다

석유와 석탄 등 화석연료의 과도한 사용으로 대기 중의 이산화탄소 농도가 증가되어 기후변화climate change 현상이 심각해지고 있다는 지적은 어제오늘의 일이 아니다. 게다가 전 세계 에너지의 대부분을 충당하는 석유 매장량이 머지않아 소진될 것이라는 전망도 나오는 실정이다. 이러한 에너지 자원의 고갈과 지구온난화 문제를 동시에 해결하려면 에너지 소비량을 줄임과 아울러 온실가스를 적게 방출하는 새로운 자원을 서둘러 개발하는 방법밖에 없다.

이러한 새로운 에너지 자원은 화석연료의 대안이라는 뜻에서 대체에너지alternative energy라고 불린다. 대체에너지로 거론되는 에너지는 신에너지new energy와 재생에너지renewable energy이다. 신에너지는 화석연료를 변환시켜 오염원을 제거한 새로운 에너지를 의미한다. 수소에너지와 연료전지fuel cell도 신에너지로 분류된다. 재생에너지에는 햇빛,

바람, 조류潮流, 지열을 이용하는 자연에너지와 바이오매스biomass와 같은 생물에너지가 있다. 자연에너지나 생물에너지는 화석연료와 달리 소비되어도 무한에 가깝도록 다시 공급되기 때문에 재생에너지라고 불린다. 신에너지와 재생에너지를 통틀어 신재생에너지new renewable energy라고 한다.

신에너지를 상징하는 수소는 지구 어디에나 있는 물에 전기를 가하면 산소와 함께 생산된다. 그러나 수소는 화석연료, 원자력 에너지 또는 재생에너지 같은 1차 에너지가 아니다. 수소는 이러한 1차 에너지로 생산된 전기를 이용해서 물로부터 만들어내는 2차 에너지이다. 요컨대 수소는 사용하기에 적합한 형태로 바꾸어 제조해야 하는 2차 에너지이다.

연료전지는 수소를 연료로 공급받으면 산소와 화학적으로 반응하여 전기를 생산하고, 부산물로 물과 열이 나온다. 수소연료전지는 자동차에서부터 발전소에 이르기까지 다양하게 활용된다. 연료전지자동차는 내연기관이 없으므로 꽁무니에서 물만 나오고 온실가스는 내뿜지 않는다. 발전용 연료전지는 공장은 물론 가정이나 빌딩에서도 전기를 생산한다. 가정에서는 연료전지의 부산물로 나오는 열을 사용하여 물을 데우거나 난방도 할 수 있다. 연료전지로 생산한 전기 중에서 남는 것은 제3자에게 판매할 수 있으므로 누구나 전기의 프로슈머prosumer가 된다. 요컨대 수소에너지로 전력체계가 중앙집중형에서 분산형으로 바뀌게 되면서 이른바 수소경제hydrogen economy 시대가 개막된다.

이런 맥락에서 독일의 수소 전문가인 피터 호프만Peter Hoffmann은

2001년에 펴낸 《내일의 에너지Tomorrow's Energy》에서 "비록 화석연료 대신 임시변통으로 수소를 사용한다 할지라도, 수소에너지로의 전환은 우리 아이들의 건강은 물론 그들의 생명까지 지키는 길일 수도 있다"고 수소경제의 중요성을 강조했다.

재생에너지의 경우, 먼저 태양에너지는 태양광과 태양열을 활용하는 기술이 각각 놀라운 속도로 발전하고 있다. 햇빛을 즉시 전기로 바꾸는 태양전지solar cell는 90% 이상이 실리콘을 사용하고 있어 제조단가가 높은 편이다. 게다가 선진국이 이미 1세대와 2세대 태양전지의 원천기술을 선점했기 때문에 우리나라는 후발주자로서 불리하다. 따라서 우리나라는 실리콘 태양전지보다 뛰어난 차세대 기술로 각광을 받는 3세대의 염료감응형 태양전지DSSC · dye-sensitized solar cell와 유기태양전지OPV · organic photovoltaic, 4세대의 유무기 복합organic-inorganic hybrid 태양전지 기술에 도전하면 승산이 높을 것으로 여겨진다.

태양전지를 사용하지 않고 햇빛으로부터 전기를 생산하는 집광형 태양열발전CSP · concentrated solar power은 미국과 유럽에서 대규모로 건설되고 있다. CSP는 각도 조절이 가능한 반사판(거울)을 설치하고, 이 거울을 이용하여 태양광을 한 점, 곧 중앙부의 탑 상부에 있는 집열기에 모아서 그 열로 보일러의 물을 끓여 수증기를 발생시킨 다음에 이 수증기로 증기터빈을 돌려 전기를 만들어낸다. 2014년 2월 미국의 네바다 주에 건설된 세계 최대 규모의 태양열발전소에는 가로 2.1*m*, 세로 3*m* 크기의 거울이 30만 개나 설치되어 있다.

풍력은 해안이나 섬, 산간지역 등 바람이 잘 부는 곳에서 쉽게 이용할 수 있는 에너지 자원이다. 풍력은 재생에너지 중에서 가장 먼저 성숙 단계로 접어들었다. 발전기를 돌릴 수 있는 힘을 가진 바람만 불어주면, 풍력발전기를 이용해서 바람을 전기에너지로 바꾸어줄 수 있기 때문이다. 말하자면 풍력은 바람개비만 돌리면 생산 가능한 무한 청정 에너지이다.

조력은 간만의 차이로 생기는 조류를 이용하는 재생에너지이다. 조력발전기는 풍력발전기와 비슷하다. 날개가 달린 기둥을 바다 속에 세우고 조수가 드나들 때마다 날개가 회전하도록 해서 전기를 만들어내기 때문이다.

지열에너지geothermal energy는 지구 표면 아래에 저장되어 있다. 지구의 내부 온도는 섭씨 4,000도 이상이며, 이 에너지는 지속적으로 지구의 표층으로 흘러나오고 있다. 미국이 지열에너지를 생산하는 발전소를 갖추고 이 분야를 선도하고 있다.

한편 저개발 국가에서는 바이오매스가 에너지 문제 해소에 크게 기여한다. 열 자원으로 사용되는 식물 및 동물의 폐기물을 통틀어 바이오매스라고 한다. 나무, 곡물, 농작물 찌꺼기, 음식 쓰레기, 축산 분뇨 등은 모두 바이오매스로서 에너지 생산에 활용된다.

2035년에는 거의 모든 재생에너지의 기술이 성숙 단계에 접어들고 가격 경쟁력도 확보되어 널리 보급될 전망이다. 미국의 경제학자인 제프리 삭스Jeffrey Sachs는 2015년 3월에 펴낸 《지속가능발전의 시대The Age of Sustainable Development》에서 기후변화의 강력한 해결 수단으로 재생에너지의 중요성을 강조했다.

혹등고래와 풍력발전

모든 고래 중에서 재주를 가장 잘 부리는 것은 혹등고래(humpback whale)이다. 머리와 턱에 혹이 있으며 몸무게는 36t 정도 된다.
혹등고래의 주요한 특징은 길고 가는 가슴지느러미이다. 이 지느러미는 비행기 날개처럼 단면이 위로 볼록한 모양인데, 혹처럼 생긴 돌기가 20여 개 나 있다. 이 지느러미의 돌기들이 일종의 소용돌이를 일으키기 때문에 혹등고래가 물속에서 오래 떠 느린 속도로 더 잘 이동할 수 있다.
혹등고래의 지느러미를 본떠 풍력발전에 활용하는 연구가 진행된다. 가령 풍차는 바람의 힘이 그 날개에 옮겨지기 때문에 돌아간다. 그러나 바람이 너무 빠르거나 너무 늦게 불면 풍차의 날개는 더 이상 움직이지 않는다. 풍력 터빈이 바람의 속도가 늦을 경우에도 지속적으로 회전할 수 있도록 하기 위해서 혹등고래의 지느러미를 모방하게 된 것이다.
혹등고래는 지느러미의 전면에 있는 돌기들 덕분에 멈추지 않고 잘 이동할 수 있기 때문에, 이를 본떠서 풍력발전 터빈의 날개에 돌기를 달아주어 바람의 속도가 낮은 상태에서도 에너지를 발생할 수 있도록 한 것이다. 이러한 방법으로 풍력발전량을 연간 20%까지 향상시킬 수 있는 것으로 나타났다.

참고문헌

- 《한국의 환경비전 2050》, 박원훈 외, 그물코, 2002
- *Tomorrow's Energy*, Peter Hoffmann, MIT Press, 2001 / 《에코에너지》, 강호산 역, 생각의나무, 2003
- *Renewable*, Jeremy Shere, St. Martin's Press, 2013
- *The Age of Sustainable Development*, Jeffrey Sachs, Columbia University Press, 2015

스마트그리드 기술

똑똑한 전기가 산업 판도를 바꾼다

우리나라의 발전체계는 여름철 냉방 수요의 급증으로 전력 사용이 폭주하는 사태에 대비하여 연중 전기 사용량이 가장 많은 시기(피크 타임)의 소비량보다 10% 정도 많은 전력을 생산하도록 설계되어 있다. 그러나 전기 소비량이 갈수록 늘어나면 수천억 원이 소요되는 발전소를 추가로 건설할 수밖에 없게 된다. 이러한 문제의 해결 방안으로 거론되는 것이 스마트그리드smart grid이다.

스마트그리드(지능형 전력망)는 전기회사가 각 가정으로 일방적으로 전기를 공급하고 있는 기존 전력망에 정보통신 기술을 융합하여 전기회사와 소비자가 양방향으로 실시간 정보를 주고받으면서 전기의 생산과 소비를 최적화하도록 하는 전력관리시스템이다.

스마트그리드가 구축된 주택과 빌딩에는 구형 전기계량기 대신에 스마트계량기smart meter가 설치된다. 오늘날 전력회사는 소비자에게 월

1회 일방적으로 전기사용량과 요금을 고지하지만 스마트계량기가 설치되면 전기 사용에 관한 모든 정보를 실시간으로 제공해야 한다. 시간대에 따라 전기요금도 다르게 부과되므로 소비자는 스마트계량기를 보면서 전기요금이 싼 시간대에 가전제품이 자동으로 작동하게끔 하는 방법으로 전기를 경제적으로 사용할 수 있다.

한편 전력회사는 전기 사용 현황을 실시간으로 파악하기 때문에 전력 공급량을 탄력적으로 조절할 수 있다. 전력 사용량이 적은 시간대에 최대전력량을 유지하지 않아도 되므로 버려지는 전기를 줄일 수도 있고 과부하로 인한 전력망의 고장도 예방할 수 있다.

스마트그리드 시대에는 가정이나 공장에 소규모 전력 저장 장치가 상비된다. 따라서 소비자들은 전기요금이 저렴한 시간대에 전기를 잔뜩 모아두었다가 전기가 비싼 시간대에 모아둔 전기를 사용하면 된다. 사용하고 남는 전기는 전기회사로 보내 되팔 수 있으므로 각 가정과 기업은 단순 소비자가 아닌 간접 생산자로서 역할도 하게 된다. 이른바 전기의 프로슈머prosumer가 되는 셈이다.

세계는 일찌감치 스마트그리드 시대로 접어들었다. 미국 콜로라도주의 볼더Boulder는 세계 최초의 스마트그리드 도시이다. 2008년 3월부터 1만 5,000가구에 스마트계량기를 무료로 설치했다. 볼더 시는 각 가정의 전기 사용량 자료를 실시간으로 수집하여 전력 공급량을 조절함으로써 종전보다 5%의 전기를 절약한 것으로 알려졌다. 프랑스는 2016년까지 3,500만 개의 기존 계량기를 스마트계량기로 교체할 계획이다. 이탈리아는 3,100만 개의 기존 계량기를 이미 스마트계량기로 교체했으며 1만 개의 배전소에 완전 자동화 시스템을 구축했다. 우리나라도 2030년까지 국가 차원의 스마트그리드 구축을 선언했다. 2009년 8월부터 제주시 구좌읍 일대에 스마트그리드 실증단지를 구축하는 작업이 시작되었다. 6,000가구에 전력을 공급하는 이 사업은 세계적으로 규모가 큰 스마트그리드 시범 프로젝트 중 하나로 꼽힌다.

스마트그리드는 에너지 분야는 물론 정보통신, 건설, 가전, 전기자동차, 이차전지 등 산업 전반에 걸쳐 파급효과가 막대할 것이다. 가전산업의 경우, 스마트계량기와 결합된 세탁기나 냉난방 장치는 현재 사용 중인 전력 소비량이 표시되므로 전력 효율을 향상시킬 수 있다.

특히 스마트그리드는 재생에너지renewable energy 부문에 엄청난 영향을 미칠 것임에 틀림없다. 태양에너지나 풍력 같은 재생에너지의 활성화를 가로막는 최대 문제의 하나는 재생에너지를 화석연료 기반의 기존 전력망에 연결해서 공급하기가 쉽지 않다는 점이다. 일정한 전압으로 흐르는 기존 전력망에 햇빛이나 바람으로 생산한 전력을 공급하면 충돌이 일어나 단전이 되기 쉽다. 그러나 스마트그리드 기술을 활용하면 재생에너지를 기존 전력망에 공급하기가 쉬워진다. 마이크로그리드MG · micro grid를 활용하면 되기 때문이다. 마이크로그리드는 햇빛이나 바람의 소규모 발전시설로 생산한 전기를 효율적으로 관리하는 시스템이다. 이를테면 스마트그리드가 국가 차원의 전력 시스템이라면 마이크로그리드는 아파트, 산업단지, 시골 마을 등 제한된 장소에서 자체적으로 전력을 생산 · 사용 · 저장하는 소규모 전력망이다.

마이크로그리드 체제가 활성화되면 일조량이 높은 지역에서는 햇빛으로, 바람이 많이 부는 바닷가에서는 바람으로 전기를 생산하면 된다. 결국 자연조건에 따라 발전량이 고르지 않은 재생에너지의 문제점을 해소할 수 있다. 또한 재생에너지를 필요에 따라 가둘 수 있는 저장 장치도 마이크로그리드 기술의 핵심 요소이다. 우리나라 기업들은 이런 에너지 저장 시스템ESS · energy storage system 시장에서 국제적 경쟁력을 갖고 있다. 마이크로그리드는 전력체계가 20세기식 중앙집중형 하향식 시스템으로부터 21세기식 분산형 협력 시스템으로 전환되는 대표적 사례이다.

미국의 사회사상가인 제러미 리프킨Jeremy Rifkin은 2011년에 펴낸《3차 산업혁명The Third Industrial Revolution》에서 스마트그리드 기술과 재생에너지 기술의 융합으로 "수억 명의 사람이 가정 · 사무실 · 공장에서 자신만의 에너지를 직접 생산할 것이며, 오늘날 우리가 인터넷으로 정보를 창출하고 교환하듯이 '에너지 인터넷'으로 에너지를 주고받을 것"이라고 주장하였다.

2030년대에 우리나라의 전력체계가 에너지 인터넷으로 탈바꿈하면 스마트그리드 기술은 산업계의 지형도를 혁명적으로 바꾸어놓을 것임에 틀림없다.

3차 산업혁명

제러미 리프킨은 《3차 산업혁명》에서 21세기에 스마트그리드와 같은 새로운 에너지 체계가 인터넷 기술과 융합하여 새로운 산업혁명을 일으킬 것이라고 주장한다.

리프킨은 "역사상 거대한 경제혁명은 새로운 커뮤니케이션 기술이 새로운 에너지 체계와 결합할 때 발생한다"는 사실을 깨달았다고 강조하면서, 3차 산업혁명을 예고한다. 그에 따르면, 1차 산업혁명은 19세기에 인쇄물이라는 커뮤니케이션 도구가 증기력 기술과 결합하여 일어났으며, 20세기 첫 10년간 전기 커뮤니케이션 기술이 석유 동력의 내연기관과 조우하여 2차 산업혁명을 일으켰다.

리프킨은 21세기 3차 산업혁명은 새로운 경제체계의 인프라를 구성하는 다섯 가지 핵심 요소가 구축되어야만 완성될 수 있다고 역설한다.

① 탄소에 기초한 화석연료 에너지 체제에서 새로운 재생에너지 체계로 전환한다.
② 모든 건물과 주택을 소규모 발전소로 변형하여 재생에너지를 현장에서 생산한다.
③ 모든 건물과 사회 인프라 전체에 수소 또는 여타 에너지를 저장하는 기술을 보급하여 불규칙적으로 생산되는 재생에너지를 저장함으로써 지속적이며 신뢰할 수 있는 전력 공급 체계를 확보한다.
④ 인터넷 통신기술을 이용하여 모든 대륙의 전기 그리드를 인터넷과 동일한 원리로 작동하는 에너지 공유 네트워크, 곧 에너지 인터넷으로 전환한다. (수백만 명의 주거지나 건물에서 소량의 에너지를 생성하면 사용하고 남은 에너지는 전기 그리드로 되팔아 다른 사람과 나누어 쓰도록 한다.)
⑤ 승용차와 기차 등 모든 교통수단을 수백만 개의 건물에서 생산된 재생에너지에 의존하는 전기자동차 및 연료전지차량으로 교체하고, 사람들이 스마트그리드에서 전기를 사고팔 수 있게 한다.

참고문헌

· 《기술의 대융합》, 이인식 기획, 고즈윈, 2010
· *The Third Industrial Revolution*, Jeremy Rifkin, St. Martin's Press, 2011 / 《3차 산업혁명》, 안진환 역, 민음사, 2012

원자로기술

소형 모듈원자로와 원전해체 기술을 수출한다

2035년 우리나라는 소형 모듈원자로SMR · small modular reactor 기술로 세계시장에서 독보적인 경쟁력을 과시할 것으로 전망된다. 국제원자력기구IAEA는 전기출력 300메가와트MWe · mega watt electric 이하의 원전을 소형으로, 300MW 이상 700MW까지의 원전을 중형으로 분류한다. 모듈원자로는 공장에서 모듈 형태로 제작하여 건설 현장에서 조립하는 원자로이다.

2011년 3월 태평양 해역의 지진으로 인해 발생한 일본 후쿠시마원전 사고 이후 안전한 원자로에 대한 논의가 진행되었으며, 그 결과 소형 모듈원자로의 필요성이 제기된 것이다. 대형 원전 건설을 위해서는 막대한 투자비용이 요구되지만 소형 모듈원자로는 전력 수요 증가에 따라 모듈을 추가로 건설할 수 있으므로 투자재원 조달과 금융비용 절감 측면에서 상당히 유리하다. 또한 소형 모듈원자로는 공장에서 모듈을 제작하고 현장으로 운반해서 조립 및 건설하기 때문에 건설공기 단축과 건설비용 절감이 가능하다. 물론 공장에서의 모듈 반복 생산으로 품질 향상도 기대된다.

소형 모듈원자로는 대형 원전에 비해 안전성 확보에 매우 유리하며 피동 안전성passive safety과 고유 안전성inherent safety 구현도 용이하다. 이처럼 소형 모듈원자로는 높은 수준의 안전성이 담보되므로 수요지에 근접한 위치에 설치가 가능하여 공정열, 지역난방, 해수담수화 등 다목적으로 활용될 수 있다. 또한 섬이나 오지 같은 고립지역의 독립적인 소규모 전력 생산에도 적합하다. 특히 분산 전원이 세계적 추세이므로 소형 모듈원자로의 시장 잠재력은 상당한 것으로 평가된다. 소형 모듈원자로는 2020년 이후 시장이 본격적으로 형성될 것이므로 세계 시장을 선점하기 위한 국제적 기술 경쟁이 치열하게 전개될 전망이다.

우리나라는 대형 원전뿐만 아니라 연구용 원자로를 수출한 실적을 보유하고 있으며 2015년 9월 사우디아라비아와 스마트(SMART · system-integrated modular advanced reactor, 시스템 통합된 모듈식 첨단 원자로) 원전을 건설하기 전의 상세설계 협약도 체결하여 소형 모듈원자로 설계의 핵심기술을 이미 확보한 것으로 국제적 평가도 받은 바 있다.

스마트원자로는 중소형 원자로이다. 사우디처럼 인구가 분산되어 단일 전력망 구성이 어렵기 때문에 대형 원전을 건설할 경우 송전망 구축에 과도한 비용이 소요되는 나라에 수출되어 전력 생산뿐만 아니라 바닷물을 증발시킨 뒤 식혀 민물(담수)로 바꾸는 해수담수화에도 활용될 것으로 기대하고 있다.

우리나라처럼 원전 부지 선정에 애로가 많은 나라일수록 해양 원자력 시스템을 검토하고 있는데, 소형 모듈원자로가 적합한 기술인 것으로 여겨진다. 따라서 우리가 보유한 세계 최고 수준의 조선해양 기술과 원자로 기술을 결합하면 세계시장에서 선두주자가 되어 소형 모듈원자로는 2030년대에 국가적 주력 산업이 될 것임에 틀림없다.

한편 우리나라 최초의 상업용 원전인 고리 1호기의 영구폐쇄를 계기로 원자력발전소 해체dismantlement 기술을 확보하면 원전해체는 2030년대에 유망한 수출산업이 될 전망이다.

부산 기장군에 위치한 고리 1호기는 1978년부터 상업운전을 개시하고 설계수명 30년이 종료된 이후 한 차례 10년간 수명을 연장(계속운전)하여 2017년 6월이면 운전이 종료된다. 원자력발전소가 가동이 중단되면 이를 완전히 해체하게 된다. 원자력발전소의 폐로廢爐, decommissioning 작업에는 두 가지 방법이 있다. 즉시해체immediate dismantling와 지연해체deferred dismantling이다. 즉시해체는 폐로 결정을 내리고 곧바로 해체 절차에 들어가는 반면에 지연해체는 일정시간 동안 보관하고 방사선 수준이 떨어지기를 기다렸다가 해체에 들어간다.

원전해체는 ①해체 준비 ②제염 ③절단 및 철거 ④폐기물 처리 ⑤부지 복원의 5단계를 거친다. 제염除染, decontamination은 원자로에서 방사능 오염물질을 화학적으로 제거하는 작업이다. 원전 1기를 해체하는 데는 △원전정지부터 해체준비까지 5년 △제염부터 폐기물 처리까지 10년 △부지 복원 등 마무리에 5년 등 모두 20년 이상 걸린다.

우리나라에서 현재 가동 중인 23기의 원자력발전소는 2029년까지

12기가 설계수명이 만료된다. 요컨대 향후 15년 안에 전체 원전의 절반가량이 수명이 완료된다. 나머지 11기는 2030년대에 4기, 2040년대에 4기, 2051년에 3기가 설계수명이 끝난다. 따라서 원자력발전소의 설계수명이 연장되지 않을 경우에는 2051년 말까지 23기 대부분이 폐로가 되어야 하므로 해체기술이 지속적으로 축적될 수밖에 없다. 국내에서 원전해체의 기술과 경험을 쌓아 해외 폐로 시장에 진출하면 원전해체 산업은 강력한 블루오션blue ocean이 될 것으로 예측된다.

전 세계에서 가동 중인 원전은 438기이며 영구정지된 것은 149기이다. 영구정지된 폐로 중에서 19기는 해체 완료, 100기는 해체 진행 중, 30기는 정지상태이다. 전 세계에서 가동 중인 원전도 갈수록 노후화될 터이므로 원전해체 시장은 갈수록 그 규모가 커질 수밖에 없다.

국내 원자력 전문가들이 2030년대에 소형원자로와 원전해체의 세계시장에서 주도적인 역할을 하여 한국의 원자력 기술역량을 과시하게 될 것으로 기대된다.

4세대 원자로

2035년에는 4세대 원자로가 생산하는 에너지를 사용하게 된다. 세계 최초의 상업용 원자력발전소는 1956년 영국에서 가동을 시작한 발전소이다. 원자로 기술이 발전을 거듭하면서 2세대 원전(고리 1, 2호기)을 거쳐 21세기 초에는 대부분 3세대 원전이 가동되고 있다.

우리나라를 비롯하여 미국, 영국, 프랑스, 일본, 캐나다 등 11개 나라의 원자력

과학자들은 3세대 원자로보다 더 안전하고, 깨끗하고, 값싼 에너지를 만들어내기 위해 4세대 원자로 개발에 착수했다. 2002년 여러 나라의 전문가 100여 명이 모임을 갖고 4세대 원자로로 개발할 후보를 6개 선정하기도 했다.
4세대 원자로는 3세대 원자로보다 여러모로 성능이 뛰어날 것으로 전망된다.
첫째, 원자로의 핵연료를 더 오래 사용할 수 있게끔 설계된다. 3세대 원자로보다 우라늄 원료를 60배 더 오래 쓸 수 있게 된다.
둘째, 3세대 원자로보다 훨씬 더 안전하게 만들어 사고를 철저히 예방한다.
셋째, 4세대 원자로는 지구상에서 가장 값싼 에너지를 생산한다. 화석연료는 물론 태양에너지나 풍력 같은 재생에너지보다 저렴한 비용으로 에너지를 공급한다.
넷째, 원자력발전소에서 나오는 물질을 사용해서 핵무기를 만들 가능성을 사전에 완전히 차단한다.
2035년 4세대 원자로는 우리나라의 에너지 문제를 해결하는 일등 공신이 될 전망이다.

참고문헌

- 《깨끗한 에너지 원자력 세상》, 박창규, 랜덤하우스, 2007
- 〈원자력 안전, 차세대 원전〉, 《서울공대》(2015년 봄호), 19~33
- 〈원자력 시설 해체 준비 현황 및 과제〉, 탈핵에너지 전환 국회의원 모임 외 주최, 국회의원 회관(2014년 11월 27일)

온실가스 저감기술

병든 지구를 어떻게 살려낼 것인가

스웨덴 스톡홀름대학의 환경과학자인 조핸 록스트룀Johan Rockström은 유럽, 미국, 호주의 전문가들과 함께 인류의 생존을 위협하는 환경위기의 실상을 점검하는 연구를 수행하고, 2009년 《네이처Nature》 9월 24일자에 지구의 건강 상태를 종합 진단한 보고서를 발표했다. 이 보고서에 따르면 지구가 참으로 깊은 병에 걸려 죽어가고 있음을 절감하게 된다.

예컨대 화석연료에서 방출되는 이산화탄소 때문에 지구는 갈수록 더워지고 있다. 지구온난화에 따른 기후변화climate change로 생태계 교란, 전염병 창궐, 집중호우와 허리케인 빈발, 해수면 상승 등 인류의 생존에 적신호가 켜진 상태이다. 인류가 안전하게 삶을 꾸릴 수 있는 한계치가 350이라면 기후변화는 387로 이미 위험수위를 넘어선 것으로 밝혀졌다.

지구온난화의 속도를 늦추기 위한 방안으로는 이미 배출된 온실가스GHG · greenhouse gas를 격리 또는 저감하는 이산화탄소 포집격리(저장) CCS · carbon capture and sequestration(storage) 기술과 지구공학geoengineering, 그리고 온실가스 배출을 극소화하는 청색기술blue technology이 있다.

이산화탄소 포집격리 기술은 먼저 화력발전소에서 석탄을 태울 때처럼 화석연료를 사용하는 설비에서 배출되는 이산화탄소를 포집한 다음에 영하의 온도로 냉각하여 액화시킨다. 액체가 된 수만 *t*의 온실가스는 트럭을 동원하여 멀리 떨어진 지역의 땅속 수천 *m* 아래까지 깊숙이 파묻어 완전히 격리시킨다. 1991년에 노르웨이에서 처음으로 실용화된 이산화탄소 포집격리 기술은 화석연료에서 직접적으로 대량의 온실가스를 격리할 수 있는 유일무이한 방법이다. 이 기술을 활용하면 석유나 천연가스보다 이산화탄소 배출량이 훨씬 많은 석탄을 환경친화적인 연료, 곧 청정석탄clean coal으로 만들 수도 있다. 또한 이산화탄소를 유용한 물질로 전환하여 재활용하는 기술CCUS · carbon capture, utilization and storage도 온실가스 저감 방안으로 개발되고 있다.

지구공학은 인류의 필요에 맞도록 지구의 환경을 대규모로 변화시키는 공학기술이다. 지구공학으로 지구온난화를 방지하는 기술의 하나는 대기 중에 이미 배출된 이산화탄소를 제거 또는 저감하는 방법이다. 1990년에 처음 제안된 이 방법은 바다에 철을 뿌려 식물플랑크톤의 성장을 돕는 것이다. 바다 표면 근처에 부유하는 미생물을 통틀어 식물플랑크톤이라 일컫는다. 어류의 먹이이며 광합성photosynthesis을 한다. 식물플랑크톤은 광합성을 위해 수중에 용해된 이산화탄소를 사용한다. 광합성이 왕성해지면 대기권의 이산화탄소까지 흡수한다. 광합성에는 미량의 철이 필요하다. 철이 부족하면 광합성이 원활하지 못해 이산화탄소가 흡수되기 어렵다.

2003년에 발간된 미국 해양대기국NOAA의 보고서에 따르면 태평양 갈라파고스 제도 부근 바다 속에 철이 부족해서 식물플랑크톤의 수가 줄어들었다. 따라서 2007년 5월부터 이 부근에 적철광 50*t*을 뿌리는 실험이 시작되었다.

2007년 11월에 미국에서 개최된 지구공학 회의에서는 인간에 의해 야기된 기후변화가 인간에 의한 공학적 방법으로 해결될 수 있다는 결론이 도출되었다.

이산화탄소 포집격리 같은 녹색기술green technology은 온실가스로 환경오염이 발생한 뒤에 사후 처리적인 대응을 하는 측면이 강하다. 따라서 환경오염 물질의 발생을 사전에 원천적으로 억제하려는 기술인 청색기술이 녹색기술의 한계를 보완할 것으로 전망된다.

2012년에 출간된 《자연은 위대한 스승이다》에서 처음 소개된 용어인 청색기술은 생물체로부터 영감을 얻어 문제를 해결하려는 생물영감bioinspiration과 생물을 본뜨는 생물모방biomimicry을 아우르는 개념이다. 청색기술은 미국의 생물학 저술가인 재닌 베니어스Janine Benyus가 1997년에 펴낸 《생물모방Biomimicry》과 벨기에의 환경운동가인 군터 파울리Gunter Pauli가 2010년에 펴낸 《청색경제The Blue Economy》에 바탕을 두고 있는 융합기술이다.

재닌 베니어스는 그의 저서에서 "생물은 화석연료를 고갈시키지 않고 지구를 오염시키지도 않으며 미래를 저당 잡히지 않고도 지금 우리가 하고자 하는 일을 전부 해왔다"고 역설한다.

청색기술의 목표는 이러한 생물의 구조와 기능을 연구하여 경제적 효율성이 뛰어나면서도 자연친화적인 물질을 창조하는 데 있다. 그러므로 생물 전체가 청색기술의 연구 대상이 된다.

가령 청색기술 전문가들은 식물의 잎처럼 광합성 능력이 있는 인공나뭇잎을 만들 궁리를 하고 있다. 식물은 엽록소chlorophyll로 태양에너지를 흡수하여 물을 산소분자와 수소이온으로 분리한다. 산소분자는 공기 중으로 배출되고, 수소이온은 공기 중에서 빨아들인 이산화탄소와 결합하여 탄수화물이 된다. 이러한 과정을 광합성이라고 한다. 인공엽록소를 개발하려고 하는 것도 인공나뭇잎의 필수 요소이기 때문이다.

포스코POSCO는 인공엽록소를 사용하여 식물처럼 상온에서 물을 산소와 수소로 분리하는 기술에 도전하고 있다. 새로 준비 중인 제철법에 수소가 꼭 필요하기 때문이다. 기존 제철법은 탄소를 이용하여 철광석에서 산소를 분리해내고 순수한 철을 생산한다. 이때 분리된 산소가 탄소와 결합하여 이산화탄소가 배출된다. 철강 1t 생산에 온실가스가 2t이나 나올 정도이다. 포스코는 이 문제를 해결하기 위해 탄소 대신 수소를 이용하는 이른바 생태 제철법을 연구 중인 것으로 알려졌다. 포스코의 인공엽록소 개발 프로젝트는 청색기술이 온실가스 배출을 원천적으로 억제하는 기술임을 단적으로 보여주는 사례이다.

자연을 스승으로 삼고 인류사회의 지속가능발전sustainable development

의 해법을 모색하는 청색기술은 2030년대 생태시대Ecological Age를 지배하는 혁신적인 패러다임이 될 것임에 틀림없다.

청색경제

2008년 10월 스페인에서 열린 세계자연보전연맹(IUCN) 회의에서 〈자연의 100대 혁신기술Nature's 100 Best〉이라 불리는 보고서가 발표되었다. 세계자연보전연맹과 유엔환경계획(UNEP)의 후원을 받아 마련된 이 보고서는 생물로부터 영감을 얻거나 생물을 모방한 2,100개 기술 중에서 가장 주목할 만한 100가지 혁신기술을 선정하여 수록한 것이다. 이 보고서를 만든 사람은 재닌 베니어스와 군터 파울리이다.

2010년 6월 파울리는 자연의 100대 혁신기술을 경제적 측면에서 조명한 저서인 《청색경제》를 펴냈다. 이 책에서 파울리는 청색경제에 대한 기대감을 다음과 같이 피력했다.

"녹색경제(green economy)는 환경을 보존함과 동시에 동일한 수준이거나 심지어 더 적은 이익을 성취하기 위해 기업에게는 더 많은 투자를, 소비자들에게는 더 많은 지출을 요구해왔다. 녹색경제는 많은 선의와 노력에도 불구하고 크게 요구되었던 지속 능력을 성취하지 못했다.

만일 우리가 시야를 바꾼다면, 우리는 청색경제가 단순히 환경을 보존하는 차원을 뛰어넘어 지속가능성의 쟁점을 제기하고 있음을 깨닫게 될 것이다. 청색경제는 무엇보다 재생(regeneration)을 약속한다.

청색경제는 생태계가 진화 경로를 유지하여 모든 것이 자연의 끊임없는 창조성, 적응성, 풍요로부터 혜택을 누리도록 보장해주는 것이라고 말할 수 있다."

청색기술은 청색 행성 지구의 환경문제 해결에 결정적인 기여를 할 뿐만 아니라 인류사회의 지속가능한 발전을 담보하는 혁신적인 접근방법이 아닐 수 없다. 그래서 청색경제와 청색기술은 21세기의 희망인 것이다.

참고문헌

· 《자연은 위대한 스승이다》, 이인식, 김영사, 2012
· 《자연에서 배우는 청색기술》, 이인식 기획, 김영사, 2013
· *The Age of Sustainable Development*, Jeffrey Sachs, Columbia University Press, 2015
· *Biomimicry*, Janine Benyus, William Morrow, 1997 / 《생체모방》, 최돈찬 · 이명희 공역, 시스테마, 2010
· *The Blue Economy*, Gunter Pauli, Paradigm Publication, 2010 / 《블루 이코노미》, 이은주 · 최부길 공역, 가교출판, 2010

미래 신기술 사회 시나리오 쓴 과학칼럼니스트 이인식 지식융합연구소장

백승구(《월간조선》 기자)

한국공학한림원이 내놓은 20대 미래 신기술 사회의 시나리오를 쓴 이는 과학칼럼니스트 이인식李仁植 지식융합연구소장이다. 공학한림원 소속 전문가 1,000여 명이 선정한 신기술의 시나리오를 과학전문 필자 한 사람이 쓴다는 것은 쉽지 않은 일이다. 이인식 소장은 "집필활동을 하면서 축적한 정보와 지식을 바탕으로 20년 뒤의 미래사회를 누구나 쉽게 상상할 수 있도록 설명하려 노력했다"고 했다.

서울 강남 역삼동의 자택에서 그를 만났다. 이 소장은 국내에서 비싸기로 소문난 서울 강남 요지의 50평짜리 아파트에 살고 있었다. 생활 여건이 좋지 않으리라는 선입견을 단박에 깨트렸다. 1992년부터 24년 가까이 프리랜서 글쟁이로 살아온 그가 어떻게 이런 '대단한' 아파트에 살고 있을까 하는 의문이 들었다.

그의 서재에는 과학기술 서적은 물론 다양한 인문사회학 도서들이 가득했다. 서재 구석에 있는, 고물상에 진작 넘겨버렸을 것 같은 작고 낡은 나무 책걸상 하나가 눈에 들어왔다. 커피를 내온 그의 부인이 "남편이 총각 때부터 쓰던 것인데 40년 넘었을 것"이라 했다. 널찍한 아파트를 의아하게 생각하는 기자의 마음을 알아챈 듯 이 소장은 겸연쩍게 웃으며 이렇게 말했다.

"부동산 투기요? 단 한 번도 하지 않았어요. 오래 살던 31평짜리 아파트가 재건축되면서 분양받은 겁니다. 한때 종부세가 많이 나와 죽는 줄 알았지요. 글 써서 겨우 먹고사는 처지에 유지비가 만만치 않아요."

입력료 명목으로 부인이 원고지 1장당 1,000원씩 떼

이인식 소장은 40년 된 낡은 나무책상에서 글을 쓰며 생계를 꾸리고 있다.

▶ 과학 분야 전문가답지 않게 글은 200자 원고지에 볼펜으로 쓴다면서요.

"볼펜이나 연필이 종이 위를 지나며 내는 그 소리, 그 느낌을 좋아해요. 원고를 끝내면 아내가 컴퓨터에 입력하지요. 아내는 내가 쓴 원고를 보며 지식도 늘리고, 내가 어떤 생각을 하는지 이해하기도 해요. 원고지는 나와 아내가 서로 소통하는 '통신망'이기도 하죠. 아내가 재미있다고 하는 원고일수록 독자들의 반응이 좋아요. 아내가 일반대중의 반응을 측정하는 리트머스 시험지 역할을 하는 셈이죠."

그의 부인은 원고지 입력료 명목으로 1장당 1,000원씩 떼어 간다고 한다.

이 소장의 서재에는 '융합' '인지과학' '뇌과학' '나노기술' '청색기술' '포스트휴먼' '섹스' 등의 표지가 붙은 파일철이 100개 넘게 비치돼 있었다.

▶ 과학기술로 미래를 전망하는 글을 수도 없이 써왔는데, 해외 과학동향을 제일 먼저 소개한 것은 언젠가요.

"1992년 4월 《월간조선》에 내 이름이 들어간 칼럼을 난생처음 연재했어요. 첫 칼럼에서 나노기술을 소개했습니다. 당시 과학자들은 나노기술을 웃기는 발상이라고 폄하했지요. 유비쿼터스 컴퓨팅, 신경망, 인공생명도 내가 처음으로 소개한 주제들입니다. 청색기술도 마찬가지죠. 이 용어는 공식적으로 저작권 등록까지 했어요."

그는 이모작 인생의 대표적 성공 사례로 자주 언급된다. 1945년 해방둥이로 광주에서 태어난 그는 광주서중과 광주제일고를 졸업하고 서울대 전자공학과에 들어갔다. 1960년대 전자공학과는 서울대 커트라인이 가장 높은 인기학과였다. 가정 형편이 좋지 않아 대학 4년 동안 가정교사를 하며 간신히 졸업했다고 한다.

해군 통신장교로 3년간 복무한 뒤 럭키금성(현 LG)에 취직했다. 일요일도 회사에 자진해서 나갈 정도로 그는 일벌레였다.

"내 목표는 객지인 서울 하늘 아래에서 방 한 칸을 마련하는 것이었어요. 승진을 빨리 해 월급을 더 많이 받으려고 정말 열심히 일했지요. 퇴근 후에는 고3 수험생 영어 과외도 했지요. 마침내 1976년, 서른한 살에 잠실에 15평 아파트를 샀습니다. 내 인생에 기적이 일어난 거죠. 4년 뒤에는 금성반도체 기획부장으로 승진했어요. 고속 승진이었습니다."

"아내는 내 인생의 대박"

이인식 소장은 37세에 회사를 옮긴다. 젊은 나이에 운전사가 딸린 승용차를 '굴린' 것이다.

"일진그룹 허진규 회장이 자신의 처남 김흥식 전무(김황식 전 국무총리 친형)와 함께 1년 가까이 나를 집요하게 설득했어요. 그래서 1982년에 일진그룹 이사로 옮겨 컴퓨터사업을 맡았어요. 내 나이 서른일곱이었는데 그때 나온 신형 승용차 '맵시나'를 타고 다녔지요. 물론 운전기사가 따로 있었고요. 승승장구했지요. 몇 년 후 대성그룹 상무로 자리를 옮겼어요."

1991년 가을 이 소장은 마흔여섯 살에 직장생활을 스스로 접었다.

"우연히 미국 인지과학자 더글러스 호프스태터의 처녀작 《괴델, 에셔, 바흐》라는 책을 보고 충격을 받았어요. 논리학자 괴델, 화가 에셔, 작곡가 바흐가 서로 어떻게 지성적으로 융합돼 있는지를 분석한 책이었습니다. 이 책을 써서 퓰리처상을 받은 저자가 나와 동갑이더군요. 1979년 출간된 책이니까 서른넷에 대작을 낸 겁니다. 동갑내기가 이런 명작을 쓸 때 나는 뭘 하며 살았는가 하는 허무한 생각이 엄습했죠. 그래서 별 준비도 없이 덜컥 사표를 냈습니다."

▶ 가장으로서 대책 없이 회사를 그만두다니요.

"직장 다닐 때 《컴퓨터월드》라는 잡지를 기획해주곤 했어요. 매달 컴퓨터 관련 해외잡지 50여 종을 읽고 유익한 기사를 골라주면 잡지사는 이를 토대로 책을 만들었죠. 그런 경험을 살려 퇴직금을 몽땅 털어 1992년 《정보기술》을 창간했어요. 해외 기술동향을 실시간으로 소개해 인기가 대단했어요. 그러면서 《월간조선》에 과학칼럼을 쓴 겁니다."

▶ 잡지 《정보기술》은 성공했나요.

"2년도 안 돼 문을 닫았어요. 기자들에게 월급도 제때 못 줬죠. 영업 담당 창간 멤버들에게 속아 광고 수주에 실패한 겁니다. 퇴직금도 다 날리고……."

그는 "그 시절을 돌아보면 지금도 눈물이 난다"고 했다.

이 소장은 2014년 《월간조선》 4월호 별책부록에 실린 '아내는 내 인생의 대박'이라는 글에서 이렇게 썼다.

《정보기술》의 간판을 내린 1994년 가을, 나는 완전히 빈털터리가 되었다. 퇴직금은 일찌감치 날렸고, 대성산업 상무 자리를 괜스레 박차고 나온 것도 후회되었다. 그러나 나보다 더 고통스러워해야 할 아내는 생각이 달랐다. 아내는 나에게 도리어 용기를 불어넣어 주었다. 남자는 하고 싶은 일을 하면서 살아야 한다고 말하지 않는가! 정말 놀라운 일이었다. 집안에서 월급으로 살림밖에 할 줄 모르던 아낙네의 입에서 이런 당찬 말이 나올 줄이야. 나는 다시 직장에 들어가지 않기로 작정했다. 과학저술에 전념하기로 한 것이다. 1995년부터 직장도, 명함도, 사무실도, 급여도 없는 프리랜서 생활이 시작되었다. 정말 힘들고 외로운 나날의 연속이었다. 알량한 원고료와 인세, 강연료로 최저생활을 간신히 꾸려가면서 아내와 두 아들에게 고통을 분담시키는 못난 가장 노릇을 한 것이다.

정치과학자 줄곧 비판

▶ 혹시 그 무렵 부인이 직장생활을 했나요.

"평범한 가정주부로 평생을 살았어요. 유기농 먹거리에 관심이 많아 '한살림'의 강남지역 책임자로 10년, 천주교 우리농촌살리기운동 활동가로 10년간 자원봉사를 했을 뿐이죠."

▶ 생활비는 어떻게 벌었나요.

"1992년에 펴낸 《사람과 컴퓨터》가 호평을 받았어요. 곧바로 그해 《월간조선》 4월호부터 기명칼럼 연재를 시작했습니다. 국내에선 처음으로 과학전문 필자가 된 것이지요. 이곳저곳에서 원고 청탁과 출판 제안이 말 그대로 '쇄도'했지요."

이 소장은 '대한민국 과학칼럼니스트 1호'이다. 그만큼 많은 글과 책을 썼다. 《조선일보》 등 각종 신문에 530편 이상의 고정칼럼을, 《월간조선》 등 잡지에 170편 이상의 기명칼럼을 연재했다. 2011년 일본 산업기술종합연구소의 월간지 《PEN》에 나노기술 칼럼을 연재해 국제적인 과학칼럼니스트로 인정받기도 했다. 저서는 46종(기획공저 13종 포함)이다. 중 · 고교 교과서에 20여 편의 글도 수록됐다. 제1회 한국공학한림원 해동상, 제47회 한국출판문화상, 2006년 《과학동아》 창간 20주년 최다 기고자 감사패, 2008년 서울대 자랑스런 전자동문상을 받았다.

▶ 서울대 전자공학과를 나왔지만 박사학위를 가진 것도 아니고 더군다나

대학교수도 아니면서 과학칼럼니스트로 성공했습니다. 혹시 해당 전공 교수들로부터 공격을 받은 경우는 없나요.

"왜 없겠어요. 크고 작은 일들이 많았죠. 《사람과 컴퓨터》가 인기를 끌자 인지과학 전공 교수들이 내가 어디선가 내용을 베꼈을 것으로 생각하고 관련 논문을 샅샅이 뒤진 적도 있어요. 속 좁은 양반들이지요. 지금도 강단 학자 중에 '안티 세력'이 더러 나타나곤 해요. 하지만 이제는 대놓고 나를 욕하는 사람은 없지요."

▶ 전공 교수들도 결국 '이인식'을 인정한다는 의미인가요.

"학위도 없는 내가 과학계에 대해 이러쿵저러쿵 논평하고 교수들보다 먼저 새로운 과학 흐름에 대해 말하니까 기분이 좋지는 않겠지요. 나는 과학자 중에서 '정치과학자들'을 줄곧 비판해왔는데 그들이 나를 블랙리스트에 올린 것 같아요. 얼마나 눈엣가시였으면 정부가 주는 '대한민국 과학문화상'을 100여 명이나 받았는데 나는 늘 빠졌어요. 심사위원들은 죄다 교수들이었죠. 이제는 그런 상을 안 받아도 돼요. 나를 믿고 인정해주는 사회 각층의 여러 분들이 있으니까요."

▶ 한국 과학계의 문제점이 뭐라고 생각합니까.

질문이 나오자 이인식 소장은 작심한 듯 거친 말들을 쏟아냈다. 순화해서 정리했다.

"첫째, 국책연구소 과학자들은 대부분 코스트 개념이 없습니다. 국민 세금으로 먹고산다는 사실을 망각하는 것 같아요. 둘째, 과학이 좋아서라기보다 대부분 생계형 연구자들입니다. 미국에서 학위를 받고 돌아와 대학이나 연구소에 안착하면 그냥 안주해버립니다. 셋째, 정치

과학자들이 득세하고 있습니다. 학자들은 연구실에 틀어박혀 학문에만 매진해야 하는데 기관장 감투를 쓰기 위해 쟁탈전을 벌여요. 이런 일은 역대 정권이나 지금 정권이나 비일비재합니다. 넷째, 과학계에도 패거리 문화가 뿌리 깊이 박혀 있습니다. 분야별로 계보가 너무 많고 연구비, 보직 등을 둘러싼 암투가 언론에 안 나와서 그렇지 횡행합니다. 투서를 가장 많이 하는 집단이 바로 과학기술자들입니다."

성과학 칼럼으로 여대생 반발 사기도

▶ 개인적으로 그런 유의 일에 연루된 적이 있습니까.

"한국과학문화재단(현 한국과학창의재단) 이사장 자리 때문에 두 번이나 곤욕을 치렀어요. 김대중 정부 시절의 일입니다. 당시 과학기술부 장관이 집 근처로 찾아와 그 자리를 맡아 달라고 간청했어요. 과학문화 창달기관이라 나를 적임자로 여긴 사람이 있었던 것 같아요. 그 무렵 과학기술부 차관은 내게 기관운영 계획서까지 건네주며 인사 개편을 미리 생각해두라고 했어요. 하지만 국회의원 출신이었던 장관이 공무원들의 반발로 막판에 입장을 바꿨어요. 그 자리는 퇴임 관료가 가는 게 당시 관행이었죠. 또 한 번은 노무현 정부 시절 인사수석실에서 내가 과학문화재단 이사장으로 내정됐다는 연락을 받았습니다. 그런데 결과는 과학문화와 전혀 관계없는 인사가 그 자리에 앉았죠. 나중에 들은 얘기인데, 정치권 실세의 압력이 있었다고 해요."

이인식 소장은 서울대 교수로 '임용될 뻔'했던 적도 있다.

"교육부 장관을 지낸 김도연 포스텍 총장이 서울공대 학장 때 공대생들에게 글쓰기 교육을 시키기 위해 서울대 기초교육원에 강좌를 개설하고 나를 전담교수로 추천한 적이 있어요. 그런데 임용 심사과정에서 이화여대 출신 교수가 반대해 무산됐다고 들었어요. 1998년 《말》지에 성과학 칼럼을 연재할 때 이화여대 대학원 여성학과 학생들이 집단 반발을 해 도중하차한 적이 있는데 이를 빌미로 나를 배척했다고 해요. 자리를 탐내는 건 아니지만, 공학기술에 대해 글을 쓰는 칼럼니스트로서 후배들과 만날 기회를 갖지 못했다는 점에서 아쉬울 뿐입니다."

▶ 혹시 감투를 써본 적이 있나요.

"왜요? 하나도 없는 것 같아요? 노무현 정부 시절 국가과학기술자문회의 위원에 두 차례 위촉된 적이 있지요. 노 대통령과 사진도 찍고 청와대 국무회의장에서 여러 차례 회의도 한 사람이오. 정치권에서 몇 차례 접촉을 해온 적도 있어요. 하지만 그런 것들은 한순간에 불과해요. 감투를 쓰면 글을 못 써요. 나는 글 쓰는 게 정말 좋아요. 이 일은 내가 하고 싶을 때까지 계속할 수 있지요."

▶ 요즘 강연 많이 하시죠.

"한 달에 평균 네 번 정도 기업이나 연구소, 대학에서 융합, 청색기술, 포스트휴먼에 대해 얘기해요. 강연 비율은 융합 60%, 청색기술 30%, 포스트휴먼 10% 정도 되는 것 같네요."

▶ 한때 '융합전도사'로 불렸지요. 현재 타이틀도 지식융합연구소장이고요.

"2008년 《지식의 대융합》을 펴낸 이후 융합 강연 요청이 많았어요. 21세기 들어 전 세계적으로 서로 다른 학문, 기술, 산업 영역 사이의 경계를 넘나들며 새로운 가치를 창출하는 융합 바람이 거세게 불고 있습니다. 우리나라 역시 융합 바람이 대학과 연구소의 울타리를 벗어나 산업계 등 사회 전반으로 확산되는 추세입니다. 이런 상황에서 인문학과 과학기술이 어떻게 만나고 섞여서 어떤 가치를 창출하는지 파악해서 융합시대의 3대 물결인 지식융합, 기술융합, 산업융합의 본질과 발전 추세를 살펴볼 필요가 있다고 생각해요. 어떤 자리든 나를 소개하는 말로 '융합전도사'라는 표현을 제일 좋아하지요."

"통섭은 지적 사기"

이인식 소장은 KAIST에서 겸직교수로 '융합'에 대해 강연하기도 했다. 지금은 KAIST 영재기업인교육원에서 지식융합 과목과 기술융합 과목을 동영상으로 강의하고 있다. 대학 학부에서 격주 3시간짜리 강의를 맡았는데, 서울과 대전을 왕복하는 것이 번거롭고 시간 소모가 많아 겸직교수를 그만두었다고 한다.

▶ 융합과 통섭은 어떻게 다른가요.

"통섭은 미국 사회생물학자인 에드워드 윌슨이 1998년 펴낸 《컨실리언스》를 번역한 책 제목입니다. 컨실리언스는 추론 결과 등의 부합, 일치를 뜻하는 보통명사예요. 그러나 윌슨이 《컨실리언스》에서 생물학을 중심으로 모든 학문을 통합하자는 이론을 제시함에 따라 컨실리언스는 윌슨 식의 지식통합을 의미하는 고유명사로도 자리매김했지요. 그러나 컨실리언스는 원산지인 미국에서조차 지식융합 또는 기술융합을 의미하는 용어로 사용한 사례가 없어요. 우리나라에는 2005년 《통섭》이 번역 · 출간되면서 번역자들이 만들었다는 용어 '통섭'에 원효대사의 사상思想이 담겨 있다고 선전해 대중의 관심을 많이 받았습니다. 그러나 김지하 시인 등 많은 학자가 윌슨의 컨실리언스와 원효의 불교 사상은 아무 관련성이 없다고 비판했죠. 그런데도 많은 지식인이 지금도 통섭을 융합과 같은 의미로 사용하고 있어요. 박근혜 대통령도 창조경제와 통섭을 연결시키는 발언을 한 적이 있어요. 두 개념은 서로 다릅니다."

이인식 소장은 컨실리언스와 통섭의 오류를 지적한 김지하 시인, 이남인 서울대 철학과 교수 등의 글을 모아 지난해 《통섭과 지적 사기》를 펴냈다. 이 책은 정부가 선정한 '2014년 세종도서 교양부문'에 뽑히기도 했다.

▶ 《통섭과 지적 사기》에 대한 독자의 반응이 궁금합니다.

"인터넷을 검색해보면 얼마나 많은 저명인사들이 현학적 표현으로 통섭을 남용했는지 금방 확인할 수 있어요. 그런 '통섭'을 지적 사기라고 비판했는데도 이 책에 시비를 거는 사람들이 지금까지 나타나지 않고 있습니다. 주요 언론도 침묵으로 일관하고 있어요. 이는 결코 바람직한 현상이 아니지요. 합리적 비판은 지적 성숙을 가져와요."

▶ 2012년에 낸 《자연은 위대한 스승이다》에서 청색기술blue technology이라는 말을 처음 사용했는데 청색기술에 대해 간단히 설명해주시죠.

"생물의 구조와 기능을 연구해 경제적 효율성이 뛰어나면서도 자연친화적인 물질을 창조하려는 신생기술이 과학 · 산업계에서 주목을 받고 있어요. 이는 생물체로부터 영감을 얻어 문제를 해결하려는 '생물영감'과 생물을 본떠 만든 '생물모방'이라 할 수 있지요. 생물영감과 생물모방을 아우르는 용어가 해외에서도 아직 없어요. 말하자면 세계 최초로 만든 전문용어인 셈이죠. 청색기술은 녹색기술의 한계를 보완하는 겁니다. 녹색기술은 환경오염이 발생하고서 사후적으로 대응하는 측면이 강해요. 반면에 청색기술은 환경오염 물질의 발생을 사전에 억제하는 기술이죠. 자연을 스승으로 삼고 인류사회의 지속가능한 발전의 해법을 모색하는 청색기술은 단순한 과학기술이 아닙니다. 미래를 바꾸는 혁신적인 패러다임이지요."

나이만 많은, 젊은 미래과학자

이인식 소장이 《자연은 위대한 스승이다》를 낸 후 이 책을 본 일부 각계 전문가들은 '청색기술연구회'를 만들었다. 연구회는 자체 연구결과물을 토대로 《자연에서 배우는 청색기술》이란 책도 냈다.

이 소장이 만든 '청색기술'은 여러 분야에 전파되고 있다. 내년부터 청색기술이 본격 활용될 전망이다. 경상북도는 경북 경산 지역에 국내 최초로 청색기술센터를 건립한다는 계획을 세웠다. 광주과학기술원은 2016년 과제 공모에서 청색기술 개발을 위해 연간 3억~5억 원을 지원하기로 결정했다.

▶ 이 소장께서 하는 강연 중에는 '포스트휴먼'이 들어 있는데 구체적으로 어떤 내용인가요.

"과학기술이 인류의 미래에 미치는 영향을 살펴보는 겁니다. 2020년 융합기술, 2025년 현상파괴적 기술, 2030년 게임 체인저 기술을 예측한 뒤 2050년 이후 포스트휴먼 시대를 전망하는 거죠. 이번 한국공학한림원이 선정한 '2035년 20대 도전기술' 시나리오를 나 혼자 쓸 수 있었던 것도 이런 포스트휴먼 공부를 했기 때문이지요."

그의 얘기를 듣다 보면 국내 각 분야 전문가들이 그를 '보기 드문 비저너리visionary'로 부르는 이유를 알 수 있다. 그는 지식과 열정 그리고 상상력이 뛰어난, 나이만 많은 젊은 '미래과학자'이다.

이인식 소장은 새벽 3시 반에 잠에서 깬다고 한다. 과학 관련 해외정보를 인터넷에서 검색하다가 조간신문을 훑어보고 다시 잠든 후 8시에 일어난다. 오전 9시부터 12시까지 책상에 앉아 공부한다. 점심은 집 근처 식당에서 지인과 같이 한다. 다시 집에 들어와 저녁 6시까지 또 책을 보고, 청탁원고를 만진다. 저녁식사 시간 이후에는 그냥 쉰다. 머리를 완전히 비우는 것이다. 프로야구 중계를 보거나 텔레비전 연속극도 즐겨 본다. 가급적 술 약속을 하지 않지만 밤 10시 전에는 꼭 잠자리에 든다.

휴대폰 없는 남자

그에게는 그 흔한 휴대폰이 없다. 그와 연락하는 방법은 집 전화뿐이다. 그래서일까. 그가 꼭 필요한 사람만 그와 연락이 닿는다.

"피땀 흘려 원고 써서 번 돈이 아무렇게나 쓰이는 건 딱 질색이에요. 처음에는 한 푼이라도 아끼기 위해 휴대폰을 사지 않았어요. 그런데 이제는 쓰려고 해도 쓸 수 없게 됐어요. 뭔 휴대폰 기능이 그리도 많은지……. 이제 휴대폰을 안 쓰는 게 일종의 브랜드가 된 것 같아요. 물론 휴대폰이 없어 다른 사람들에게 불편을 주는 걸 모르는 건 아닙니다. 하지만 이메일로 중요한 사람들과 정보를 주고받기 때문에 소통에는 문제가 없다고 생각해요."

▶ 어떻게 생각하세요. 자신의 삶에 대해.

"개인적인 얘기를 잘 안 하는데, 나는 여섯 살부터 부모 없이 할아버지 밑에서 자랐어요. 그래서인지 항상 생존을 위해 피나는 노력을 해왔습니다. 대학을 졸업한 것만으로도 내 인생의 큰 행운이지요. 이제 글도 쓸 만큼 썼다고 생각해요. 언론과 출판계 여러 분에게 정말 많은 신세를 졌지요. 남은 시간은 내가 받은 은혜에 보답하며 살아갈 생각이에요."

인터뷰를 마치고 돌아서는 기자의 등을 두드린 이 소장은 "한 가지 빠진 게 있다"고 했다.

▶ 뭐죠.

"손자 선재宣載가 막 말을 하기 시작했는데 너무 예뻐요."

▶ 축하합니다.

영락없는 할아버지의 모습을 그제서야 봤다.

《월간조선》(2015년 11월호)

신문 칼럼 연재

《동아일보》 이인식의 과학생각(99. 10~01. 12): 58회(격주)

《한겨레》 이인식의 과학나라(01. 5~04. 4): 151회(매주)

《조선닷컴》 이인식 과학칼럼(04. 2~04. 12): 21회(격주)

《광주일보》 테마칼럼(04. 11~05. 5): 7회(월 1회)

《부산일보》 과학칼럼(05. 7~07. 6): 26회(월 1회)

《조선일보》 아침논단(06. 5~06. 10): 5회(월 1회)

《조선일보》 이인식의 멋진 과학(07. 3~11. 4): 199회(매주)

《조선일보》 스포츠 사이언스(10. 7~11. 1): 7회(월 1회)

《중앙SUNDAY》 이인식의 '과학은 살아 있다'(12. 7~13. 11): 28회(격주)

《매일경제》 이인식 과학칼럼(14. 7~현재): 연재 중(격주)

잡지 칼럼 연재

《월간조선》 이인식 과학 칼럼(92. 4~93. 12): 20회

《과학동아》 이인식 칼럼(94. 1~94. 12): 12회

《지성과 패기》 이인식 과학글방(95. 3~97. 12): 17회

《과학동아》 이인식 칼럼—성의 과학(96. 9~98. 8): 24회

《한겨레 21》 과학칼럼(97. 12~98. 11): 12회

《말》 이인식 과학칼럼(98. 1~98. 4): 4회(연재 중단)

《과학동아》 이인식의 초심리학 특강(99. 1~99. 6): 6회

《주간동아》 이인식의 21세기 키워드(99. 2~99. 12): 42회

《시사저널》 이인식의 시사과학(06. 4~07. 1): 20회(연재 중단)

《월간조선》 이인식의 지식융합파일(09. 9~10. 2): 5회

《PEN》(일본 산업기술종합연구소) 나노기술 칼럼(11. 7~11. 12): 6회

《나라경제》 이인식의 과학세상(14. 1~14. 12): 12회

저서

1987 《하이테크 혁명》, 김영사

1992 《사람과 컴퓨터》, 까치글방

KBS TV '이 한 권의 책' 테마북 선정

문화부 추천도서

덕성여대 '교양독서 세미나'(1994~2000) 선정 도서

1995 《미래는 어떻게 존재하는가》, 민음사

1998 《성이란 무엇인가》, 민음사

1999 《제2의 창세기》, 김영사

문화관광부 추천도서

간행물윤리위원회 선정 '이달의 읽을 만한 책'

한국출판인회의 선정도서

산업정책연구원 경영자독서모임 선정도서

2000 《21세기 키워드》, 김영사

중앙일보 선정 좋은 책 100선

간행물윤리위원회 선정 '청소년 권장도서'

《과학이 세계관을 바꾼다》(공저), 푸른나무

문화관광부 추천도서

간행물윤리위원회 선정 '청소년 권장도서'

2001 《아주 특별한 과학 에세이》, 푸른나무

EBS TV '책으로 읽는 세상' 테마북 선정

《신비동물원》, 김영사

《현대과학의 쟁점》(공저), 김영사

간행물윤리위원회 선정 '청소년 권장도서'

2002 《신화상상동물 백과사전》, 생각의 나무

《이인식의 성과학 탐사》, 생각의 나무

책으로 따뜻한 세상 만드는 교사들(책따세) 추천도서

《이인식의 과학세상》, 생각의 나무

《나노기술이 미래를 바꾼다》(편저), 김영사

문화관광부 선정 우수학술도서

간행물윤리위원회 선정 '이달의 읽을 만한 책'

《새로운 천 년의 과학》(편저), 해나무

2004 《미래과학의 세계로 떠나보자》, 두산동아

한우리 독서문화운동본부 선정도서

간행물윤리위원회 선정 '청소년 권장도서'

산업자원부 · 한국공학한림원 지원 만화 제작(전2권)

《미래신문》, 김영사

EBS TV '책, 내게로 오다' 테마북 선정

《이인식의 과학나라》, 김영사

《세계를 바꾼 20가지 공학기술》(공저), 생각의 나무

2005 《나는 멋진 로봇친구가 좋다》, 랜덤하우스중앙

동아일보 '독서로 논술잡기' 추천도서

산업자원부 · 한국공학한림원 지원 만화 제작(전3권)

《걸리버 지식 탐험기》, 랜덤하우스중앙

책으로 따뜻한 세상 만드는 교사들(책따세) 추천도서

조선일보 '논술을 돕는 이 한 권의 책' 추천도서

《새로운 인문주의자는 경계를 넘어라》(공저), 고즈윈

과학동아 선정 '통합교과 논술대비를 위한 추천 과학책'

2006 《미래교양사전》, 갤리온

제47회 한국출판문화상(저술부문) 수상

중앙일보 선정 올해의 책

시사저널 선정 올해의 책

동아일보 선정 미래학 도서 20선

조선일보 '정시 논술을 돕는 책 15선' 선정도서

조선일보 '논술을 돕는 이 한 권의 책' 추천도서

《걸리버 과학 탐험기》, 랜덤하우스중앙

2007 《유토피아 이야기》, 갈리온

2008 《이인식의 세계신화여행》(전2권), 갈리온

《짝짓기의 심리학》, 고즈윈

EBS 라디오 '작가와의 만남' 도서

교보문고 '북세미나' 선정도서

《지식의 대융합》, 고즈윈

KBS 1TV '일류로 가는 길' 강연도서

문화체육관광부 우수교양도서

KAIST 인문사회과학부 '지식융합' 과목 교재

KAIST 영재기업인교육원 '지식융합' 과목 교재

한국폴리텍대학 융합교육 교재

책으로 따뜻한 세상 만드는 교사들(책따세) 월례 기부강좌 도서

KTV 파워특강 테마북

한국콘텐츠진흥원 콘텐츠아카데미 교재

EBS 라디오 '대한민국 성공시대' 테마북

2010 명동연극교실 강연도서

2009 《미래과학의 세계로 떠나보자》(개정판), 고즈윈

《나는 멋진 로봇친구가 좋다》(개정판), 고즈윈

책으로 따뜻한 세상 만드는 교사들(책따세) 추천도서

《한 권으로 읽는 나노기술의 모든 것》, 고즈윈

고등국어교과서(금성출판사) 나노기술 칼럼 수록

대한출판문화협회 선정 청소년도서

책으로 따뜻한 세상 만드는 교사들(책따세) 추천도서

2015 조선비즈 추천 미래도서

2010 《기술의 대융합》(기획), 고즈윈

문화체육관광부 우수교양도서

한국공학한림원 공동발간도서

KAIST 인문사회과학부 '지식융합' 과목 교재

KAIST 영재기업인교육원 '지식융합' 과목 교재

《신화상상동물 백과사전》(전2권, 개정판), 생각의 나무

《나노기술이 세상을 바꾼다》(개정판), 고즈윈

《신화와 과학이 만나다》(전2권, 개정판), 생각의 나무

2011 《걸리버 지식 탐험기》(개정판), 고즈윈

《이인식의 멋진 과학》(전2권), 고즈윈

책으로 따뜻한 세상 만드는 교사들(책따세) 추천도서

《신화 속의 과학》, 고즈윈

《한국교육 미래 비전》(공저), 학지사

2012 《인문학자, 과학기술을 탐하다》(기획), 고즈윈

한국경제 TV '스타북스' 테마북

《청년 인생 공부》(공저), 열림원

《자연은 위대한 스승이다》, 김영사

책으로 따뜻한 세상 만드는 교사들(책따세) 추천도서

한국간행물윤리위원회 '청소년 권장도서' 선정

KAIST 영재기업인교육원 '청색기술' 과정 교재

현대경제연구원 '유소사이어티' 콘텐츠 강연 탑재(총10회)

한국공학한림원 공동발간 도서

《따뜻한 기술》(기획), 고즈윈

한국공학한림원 공동발간 도서

2013 《자연에서 배우는 청색기술》(기획), 김영사

한국공학한림원 공동발간 도서

문화체육관광부 우수교양도서

2014 《융합하면 미래가 보인다》, 21세기북스

2015 조선비즈 추천 미래도서

《통섭과 지적 사기》(기획), 인물과사상사

2014 세종도서 교양부문 선정

2015 《과학자의 연애》(공저), 바이북스

원작 만화

《만화 21세기 키워드》(전3권), 홍승우 만화, 애니북스(2003~2005)

부천만화상 어린이만화상 수상

한국출판인회의 선정 '청소년 교양도서'

책키북키 선정 추천도서 200선

동아일보 '독서로 논술잡기' 추천도서

아시아태평양이론물리센터 '과학, 책으로 말하다' 테마북

《미래과학의 세계로 떠나보자》(전2권), 이정욱 만화, 애니북스(2005~2006)

한국공학한림원 공동발간 도서

과학기술부 인증 우수과학 도서

《와! 로봇이다》(전3권), 김제현 만화, 애니북스(2007~2008)

한국공학한림원 공동발간도서

찾아보기 – 인명

찾아보기 – 용어